百种叶甲总科昆虫生态图册

NATURAL HISTORY OF CHRYSOMELOIDEA BEETLES:
A 100-SPECIES PHOTOGRAPHIC GUIDE

张润志　杨星科　葛斯琴　林美英◎著

长江出版传媒　湖北科学技术出版社

图书在版编目（CIP）数据

百种叶甲总科昆虫生态图册 / 张润志等著． -- 武汉 ：湖北科学技术出版社，2024. 10. -- ISBN 978-7-5706-3352-4

Ⅰ． Q969.48-64

中国国家版本馆 CIP 数据核字第 2024MJ6421 号

百种叶甲总科昆虫生态图册

BAIZHONG YEJIA ZONGKE KUNCHONG SHENGTAI TUCE

责任编辑：彭永东　梅嘉容

责任校对：童桂清　　封面设计：胡　博

出版发行：湖北科学技术出版社

地　　址：武汉市雄楚大街 268 号（湖北出版文化城 B 座 13—14 层）

电　　话：027-87679468　　邮　　编：430070

印　　刷：武汉科源印刷设计有限公司　　邮　　编：430299

787×1092　1/16　18.25 印张　320 千字

2024 年 10 月第 1 版　2024 年 10 月第 1 次印刷

定　　价：466.00 元

About The Author

作者简介

张润志　男，1965 年 6 月生。中国科学院动物研究所研究员、中国科学院大学岗位教授、博士生导师。2005 年获得国家杰出青年基金项目资助，2011 年获得中国科学院杰出科技成就奖，2019 年获得庆祝中华人民共和国成立 70 周年纪念章。主要从事鞘翅目象虫总科系统分类学研究以及外来入侵昆虫的鉴定、预警、检疫与综合治理技术研究。先后主持国家科技支撑项目、中国科学院知识创新工程重大项目、国家自然科学基金重点项目等。独立或与他人合作发表萧氏松茎象 *Hylobitelus xiaoi* Zhang 等新物种 148 种，获国家科技进步二等奖 3 项（其中 2 项为第一完成人，1 项为第二完成人），发表学术论文 200 余篇，出版专著、译著等 20 余部。

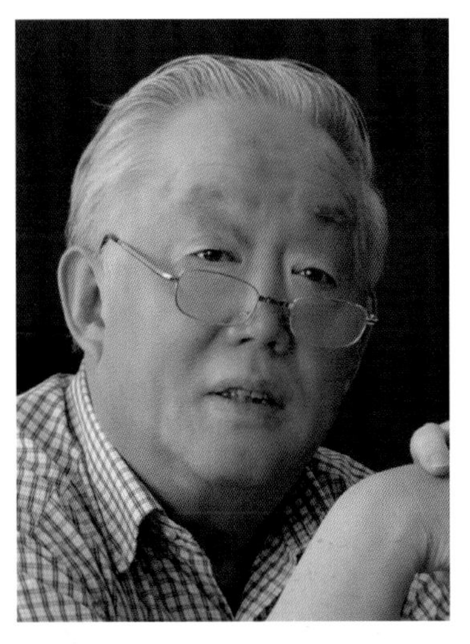

杨星科　男，1958 年 10 月生。中国科学院动物研究所研究员，广东省科学院动物研究所学术所长，博士生导师。主要从事鞘翅目叶甲总科、金龟总科等系统分类学研究，先后发表有关研究报告或论文 460 多篇，发现新属 3 个、新种 190 余个。出版（主编）《甘肃省叶甲科昆虫志》《中国动物志 脉翅目 草蛉科》《秦岭西段及甘南地区昆虫》《外来入侵种强大小蠹》《广西十万大山昆虫》《西藏雅鲁藏布大峡谷昆虫》《长江三峡库区昆虫》《昆虫学研究进展》等专著 23 部。

葛斯琴　女，1974 年 4 月生。中国科学院动物研究所研究员，博士生导师。主要从事甲虫分类、昆虫结构与功能解析、类生命机器人研制、昆虫仿生基础应用等研究工作。合作修订了中国叶甲亚科的分类系统，构建了昆虫多维结构及仿生基础应用平台，揭示了重要昆虫的嗅觉及视觉的形成机制及神经生物学基础，解析了昆虫跳跃及飞行等重要器官的结构与功能，发现了重要昆虫发育过程中不同阶段的表型差异及变化。出版著作 6 部、发表 SCI 等论文百余篇；获中国昆虫学会青年科技奖、周尧昆虫分类学奖励基金二等奖、美国 Smithsonia Institution Fellow、重庆市科技进步二等奖等。

林美英　女，1981 年 11 月生。绵阳师范学院副研究员。2013 年获中国昆虫学会青年科学技术奖，2014 年获周尧昆虫分类学奖励基金二等奖。主要从事鞘翅目天牛科系统分类学研究以及昆虫多样性调查。独立或与他人合作发表文章共 120 篇，发表天牛 1 新族 8 新属 4 新亚属 95 新种 / 亚种，国家级新记录种 108 个，提出新异名 51 个，新组合 24 个，新地位 22 个。以第一作者身份出版专著 5 部，如《中国甲虫名录第 9 卷》《秦岭昆虫志第 6 卷》《国家动物博物馆馆藏天牛模式标本图册》等。

Preface
前言

叶甲总科（Chrysomeloidea）隶属于昆虫纲鞘翅目（Coleoptera）多食亚目(Polyphaga)。叶甲总科中最大的2个科为天牛科（Cerambycidae）和叶甲科（Chrysomelidae）。天牛科物种丰富，中国已知近4000种。天牛科昆虫体圆筒形至扁平形，通常体狭长，罕有近圆形。体表光亮无毛或密被毛或鳞片。触角着生在触角基瘤上，通常11节，可向后披挂。鞘翅通常狭长，也有少数宽大于长的特例，有不少鞘翅短缩不覆盖整个腹部的类群。中国约有2400种。叶甲科成虫多有艳丽的金属光泽，触角细长、丝状或近似念珠状；鞘翅一般盖及腹端，后翅发达，有一定飞翔能力。叶甲科成虫和幼虫均为植食性，取食植物的根、茎、叶、花等。叶甲科许多种类对农作物、蔬菜、林木、果树、牧草可造成严重危害，例如世界著名的害虫马铃薯甲虫即为叶甲科昆虫。

本书提供了叶甲总科包括天牛科和叶甲科的昆虫100种，其中天牛科33种，叶甲科67种包括负泥虫亚科6种，豆象亚科12种，龟甲亚科4种，铁甲亚科1种，肖叶甲亚科10种，叶甲亚科15种，萤叶甲亚科10种，跳甲亚科8种和水叶甲亚科1种。全书共使用图片518幅，在提供每种昆虫中文名称和学名的基础上，每张图片均标注了拍摄时间和地点等信息，所有图片均为张润志拍摄。

本书图片的拍摄和图册的出版，得到了国家科技基础资源调查专项“主要草原区有害昆虫多样性调查（编号2019FY100400）”的支持。特别感谢任国栋教授、梁红斌研究员、李猷教授、阮用颖博士、黄正中博士等在物种鉴定过程中的大力帮助，感谢何永福研究员、吕宝乾研究员、赵守歧研究员、姜春燕博士、吴明松博士、李义哲博士和郗续先生等协助采集部分标本，再次表示衷心感谢！

作者

2023年12月31日

目录 Contents

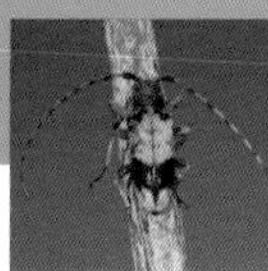

天牛科 Cerambycidae

1. 双斑锦天牛 *Acalolepta sublusca* (Thomson)

2019 年 6 月 30 日，北京朝阳区

2019 年 6 月 30 日，北京朝阳区

2019 年 6 月 30 日，北京朝阳区

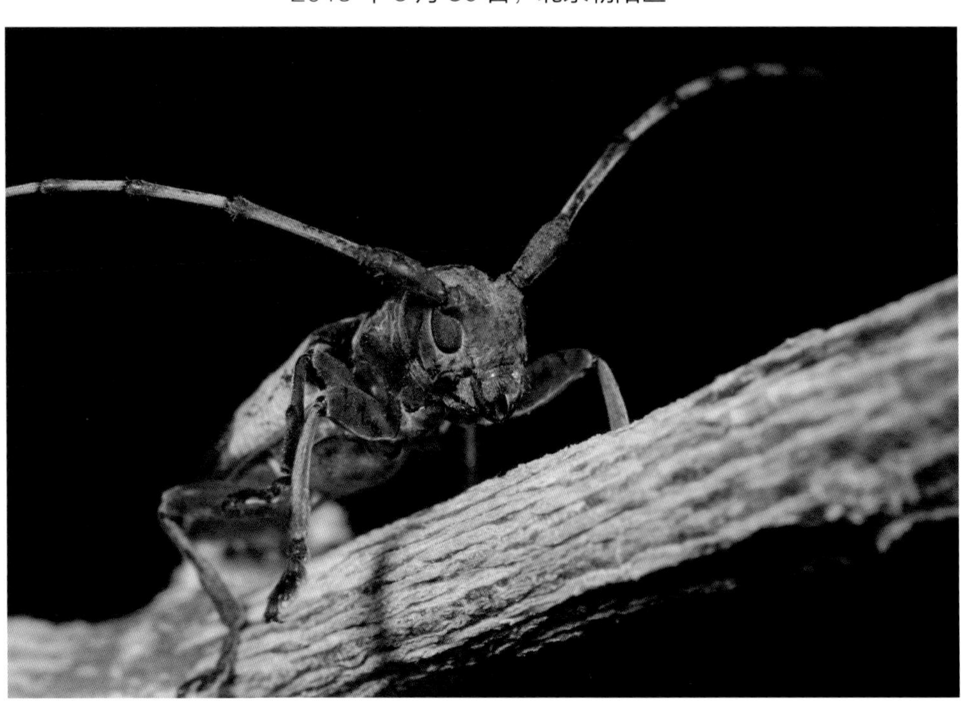

2019 年 6 月 30 日，北京朝阳区

2019 年 6 月 30 日，北京朝阳区

2019 年 6 月 30 日，北京朝阳区

2. 苜蓿多节天牛 *Agapanthia* (Amurobia) *amurensis* Kraatz

2022 年 6 月 19 日，内蒙古锡林浩特市

2022 年 6 月 19 日，内蒙古锡林浩特市，触角

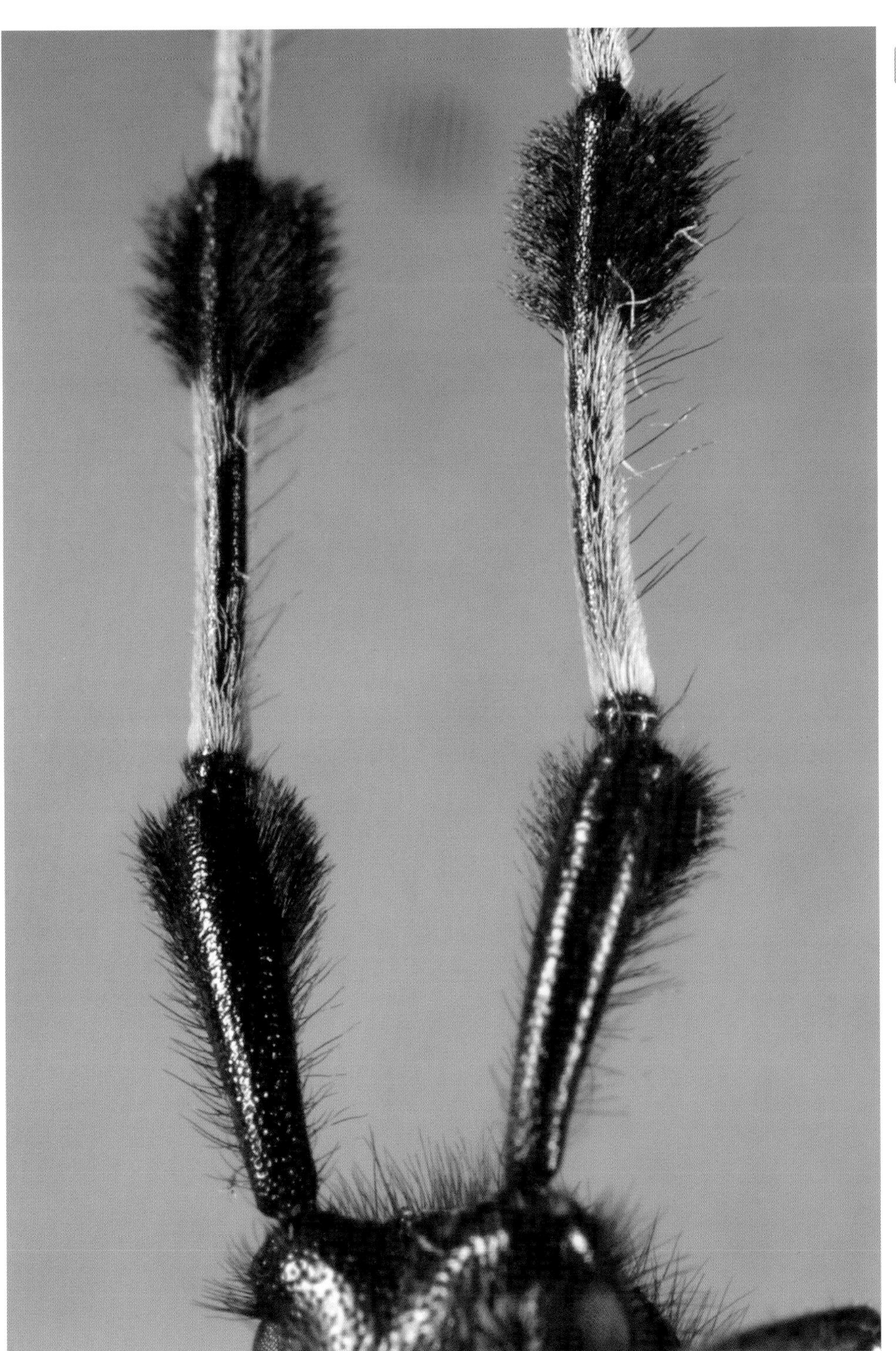

2022 年 6 月 19 日，内蒙古锡林浩特市，触角

天牛科 Cerambycidae

3. 内蒙多节天牛 *Agapanthia* (Epoptes) *alternans* Fischer-Waldheim

2009 年 5 月 18 日，新疆布尔津县

4. 大麻多节天牛 *Agapanthia* (Epoptes) *daurica* Ganglbauer

2015 年 6 月 16 日，吉林长白山

2015 年 6 月 17 日，吉林长白山

5. 中黑肖亚天牛 *Amarysius altajensis* (Laxmann)

2015 年 6 月 17 日，吉林长白山

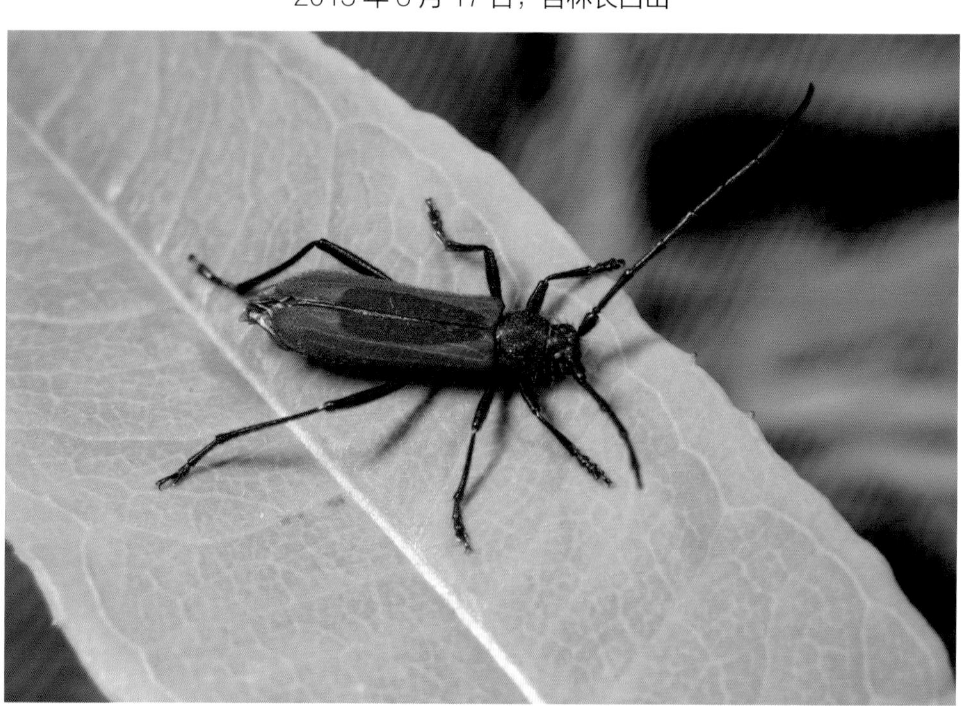

2015 年 6 月 17 日，吉林长白山

6. 红缘亚天牛 *Anoplistes halodendri pirus* (Arakawa)

2022 年 6 月 18 日，北京怀柔区

2022 年 6 月 18 日，北京怀柔区

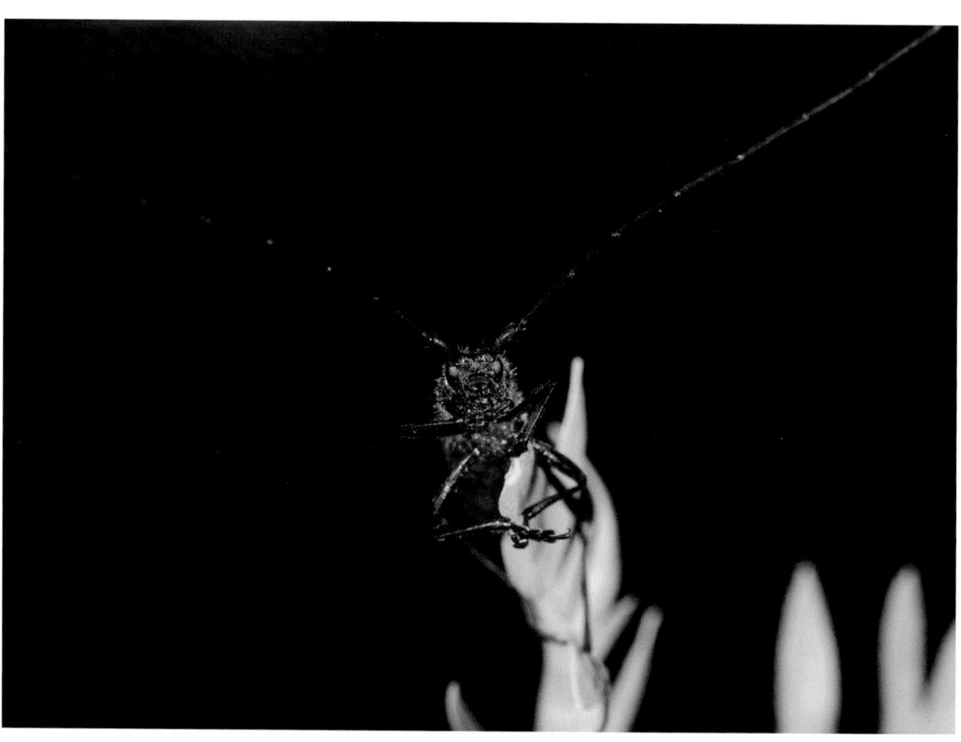

2022 年 6 月 18 日，北京怀柔区

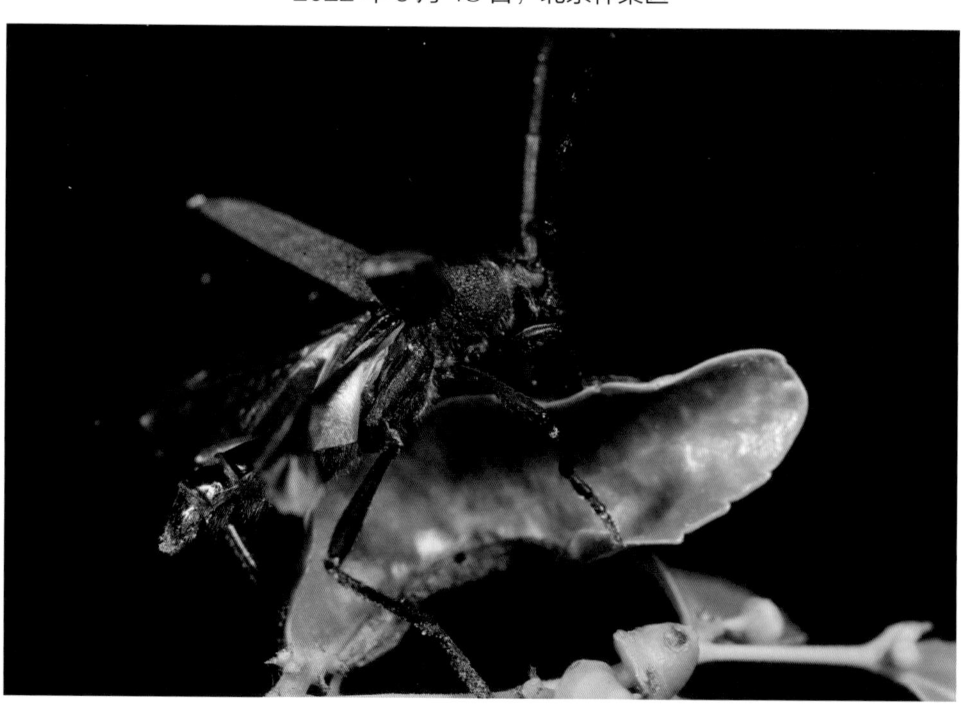

2020 年 6 月 25 日，北京密云区

7. 光肩星天牛 *Anoplophora glabripennis* (Motschulsky)

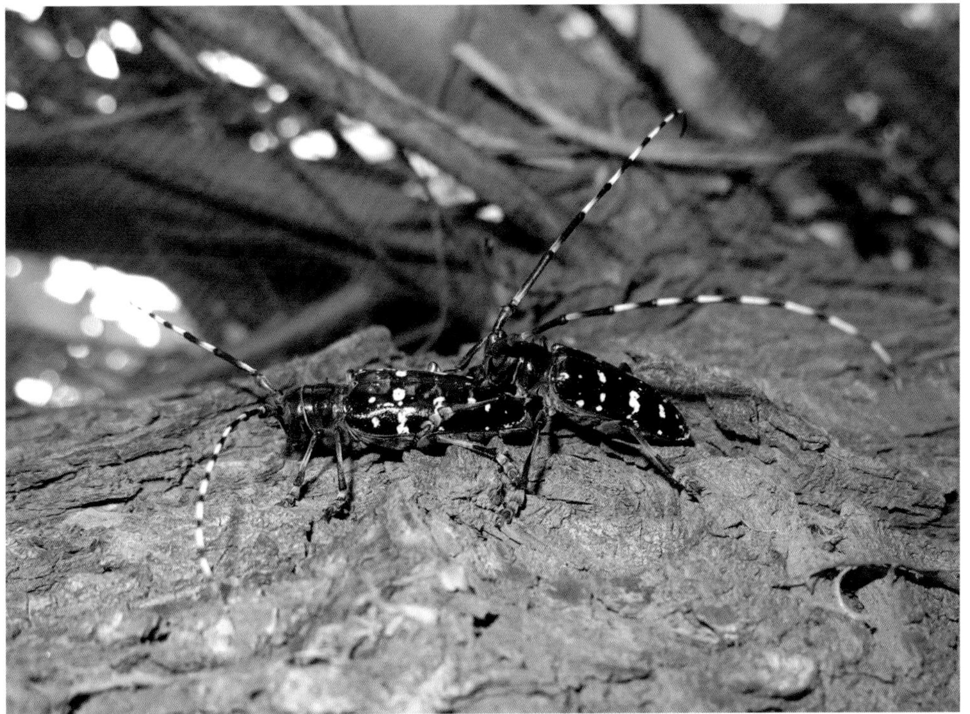

2016 年 6 月 23 日，北京大兴区，柳树树干

2016 年 6 月 23 日，北京大兴区，柳树树干

2016 年 6 月 23 日，北京大兴区，卵，柳树树干

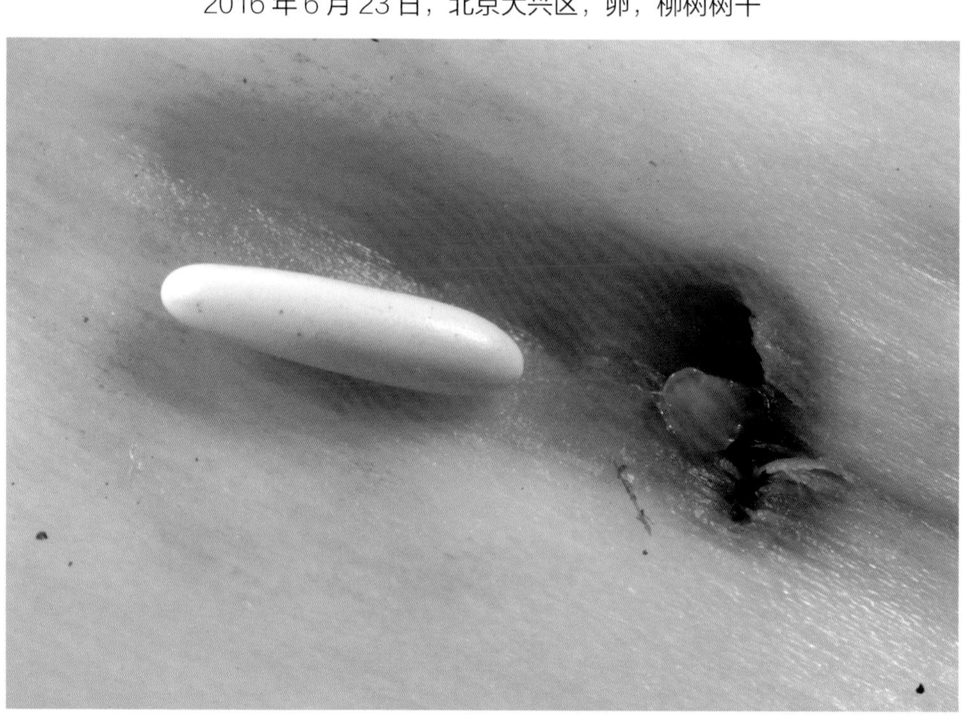

2016 年 6 月 23 日，北京大兴区，卵，柳树树干皮下

2018 年 5 月 17 日，湖南通道侗族自治县

2023 年 8 月 6 日，甘肃嘉峪关市，柳树树枝

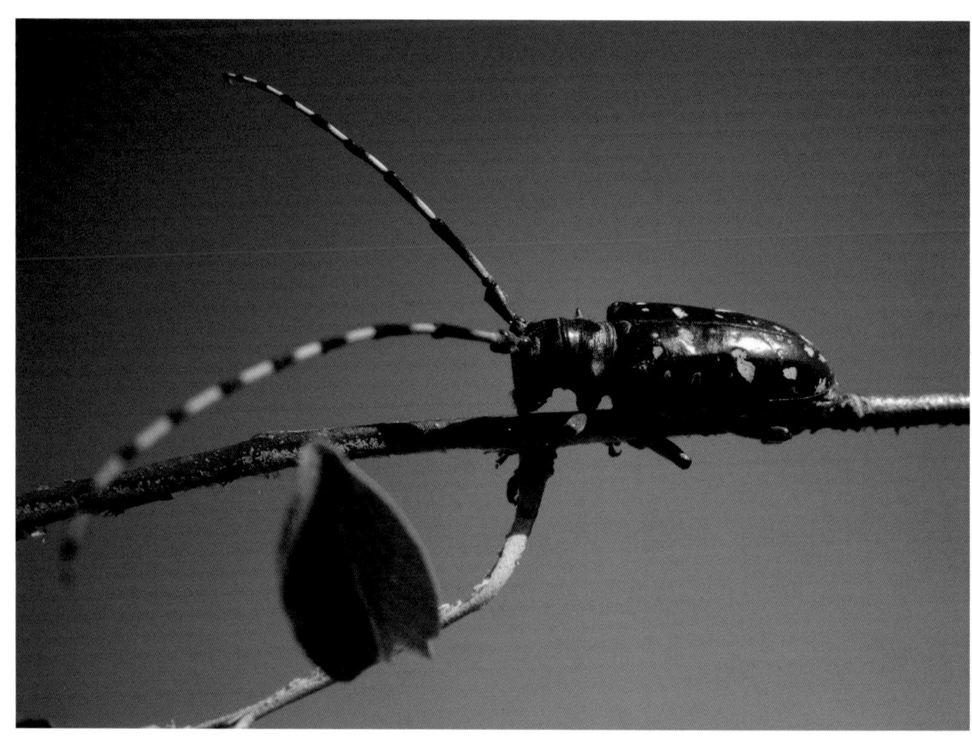

2023 年 8 月 6 日，甘肃嘉峪关市，沙枣树枝

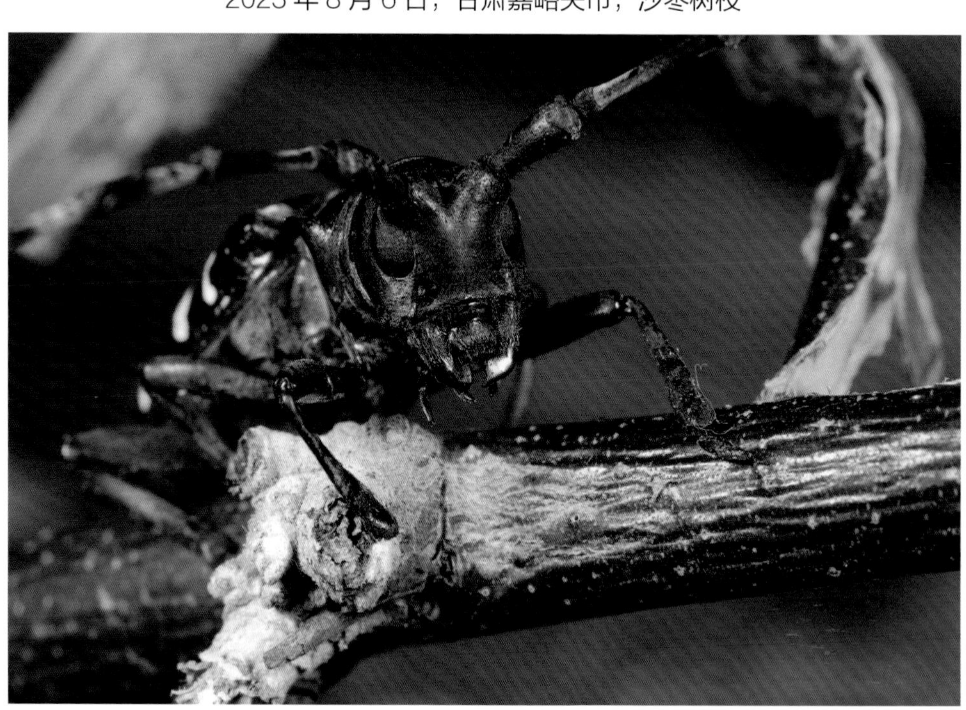

2023 年 8 月 6 日，甘肃嘉峪关市，沙枣树枝

2023 年 8 月 6 日，甘肃嘉峪关市，沙枣树枝

2023 年 8 月 6 日，甘肃嘉峪关市，沙枣树枝

8. 皱胸粒肩天牛 *Apriona rugicollis* Chevrolat

2006 年 7 月 17 日，河北乐亭县

2006 年 7 月 17 日，河北乐亭县

2006 年 7 月 17 日，河北乐亭县

2006 年 7 月 17 日，河北乐亭县

2006 年 7 月 17 日，河北乐亭县

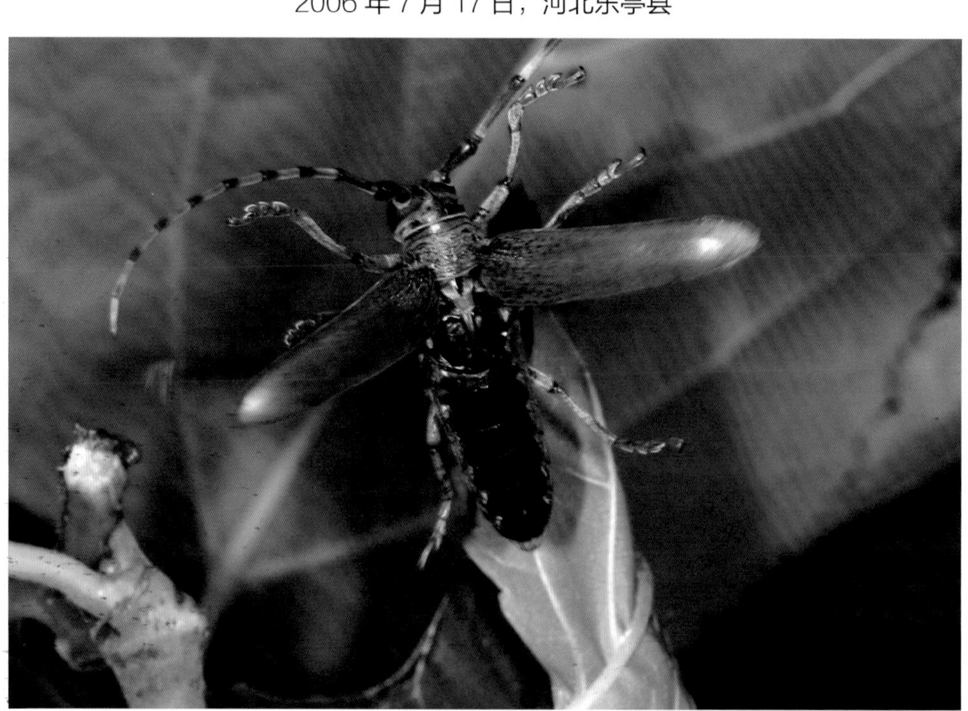

2006 年 7 月 17 日，河北乐亭县

2014 年 7 月 4 日，河南南阳市

2014 年 7 月 4 日，河南南阳市

2014 年 7 月 4 日，河南南阳市

2014 年 7 月 4 日，河南南阳市

2014 年 7 月 4 日，河南南阳市

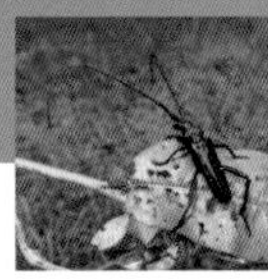

9. 桃红颈天牛 *Aromia bungii* (Faldermann)

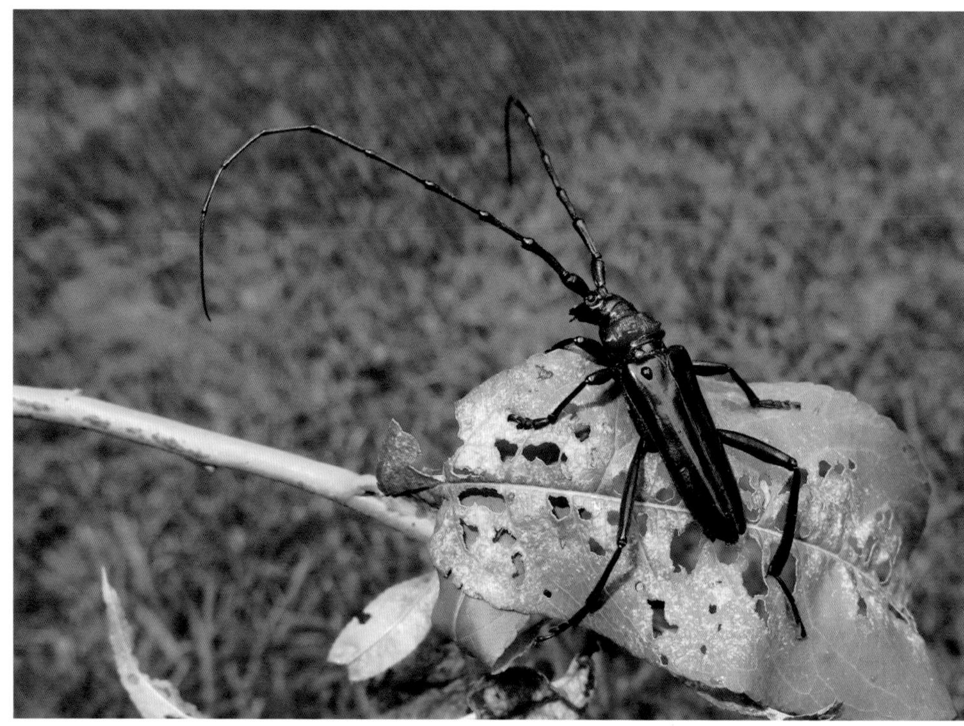

2016 年 8 月 1 日，天津宝坻区

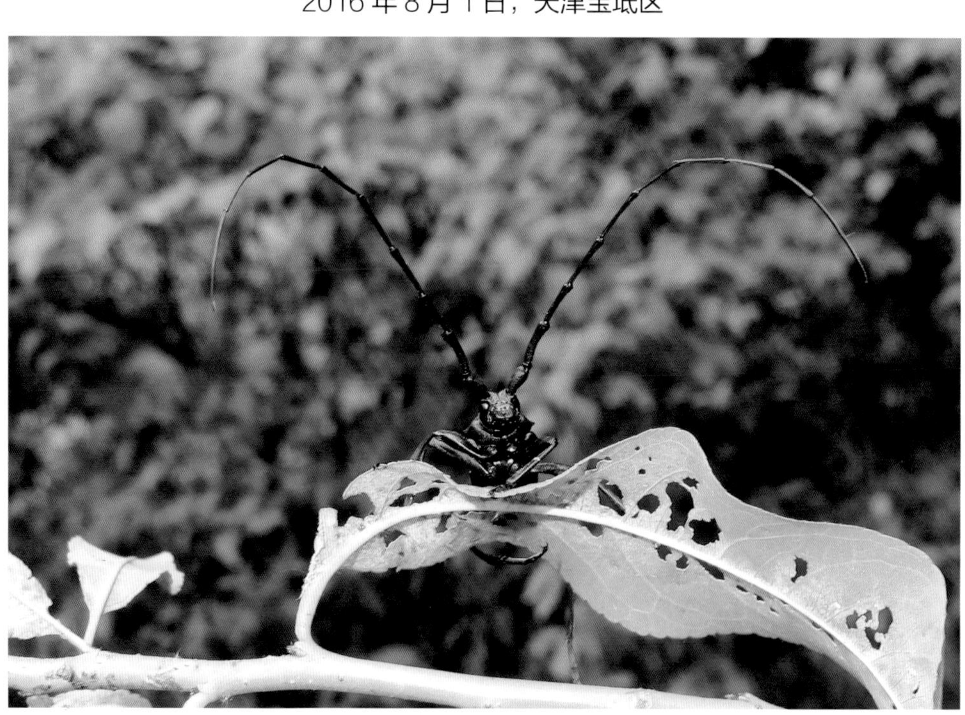

2016 年 8 月 1 日，天津宝坻区

2020 年 6 月 29 日，北京延庆区

2020 年 6 月 29 日，北京延庆区

2020 年 6 月 29 日，北京延庆区

2020 年 6 月 29 日，北京延庆区

2020 年 6 月 29 日，北京延庆区

2020 年 6 月 29 日，北京延庆区

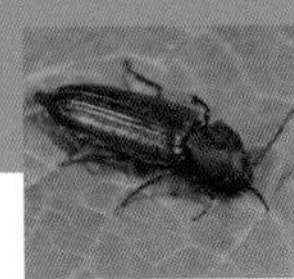

天牛科 Cerambycidae

10. 脊鞘幽天牛 *Asemum striatum* (Linnaeus)

2018 年 6 月 20 日，吉尔吉斯斯坦伊赛克湖

2018 年 6 月 20 日，吉尔吉斯斯坦伊赛克湖

11. 槐绿虎天牛 *Chlorophorus diadema* (Motschulsky)

2020 年 7 月 19 日，北京门头沟区

2020 年 7 月 19 日，北京门头沟区

2020 年 6 月 13 日，北京怀柔区

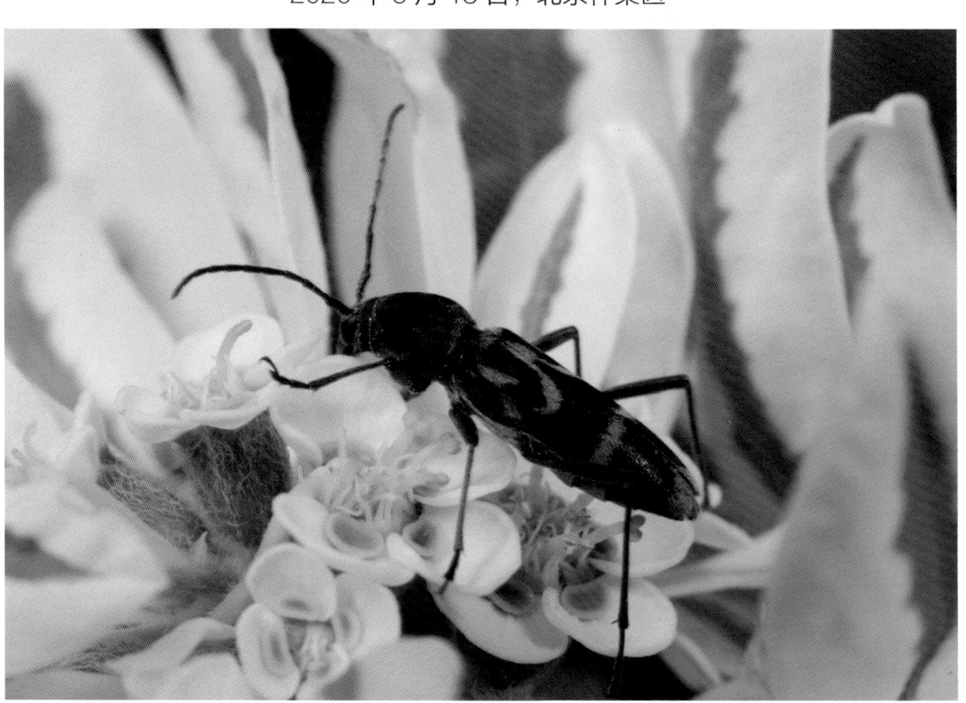

2020 年 8 月 8 日，北京延庆区

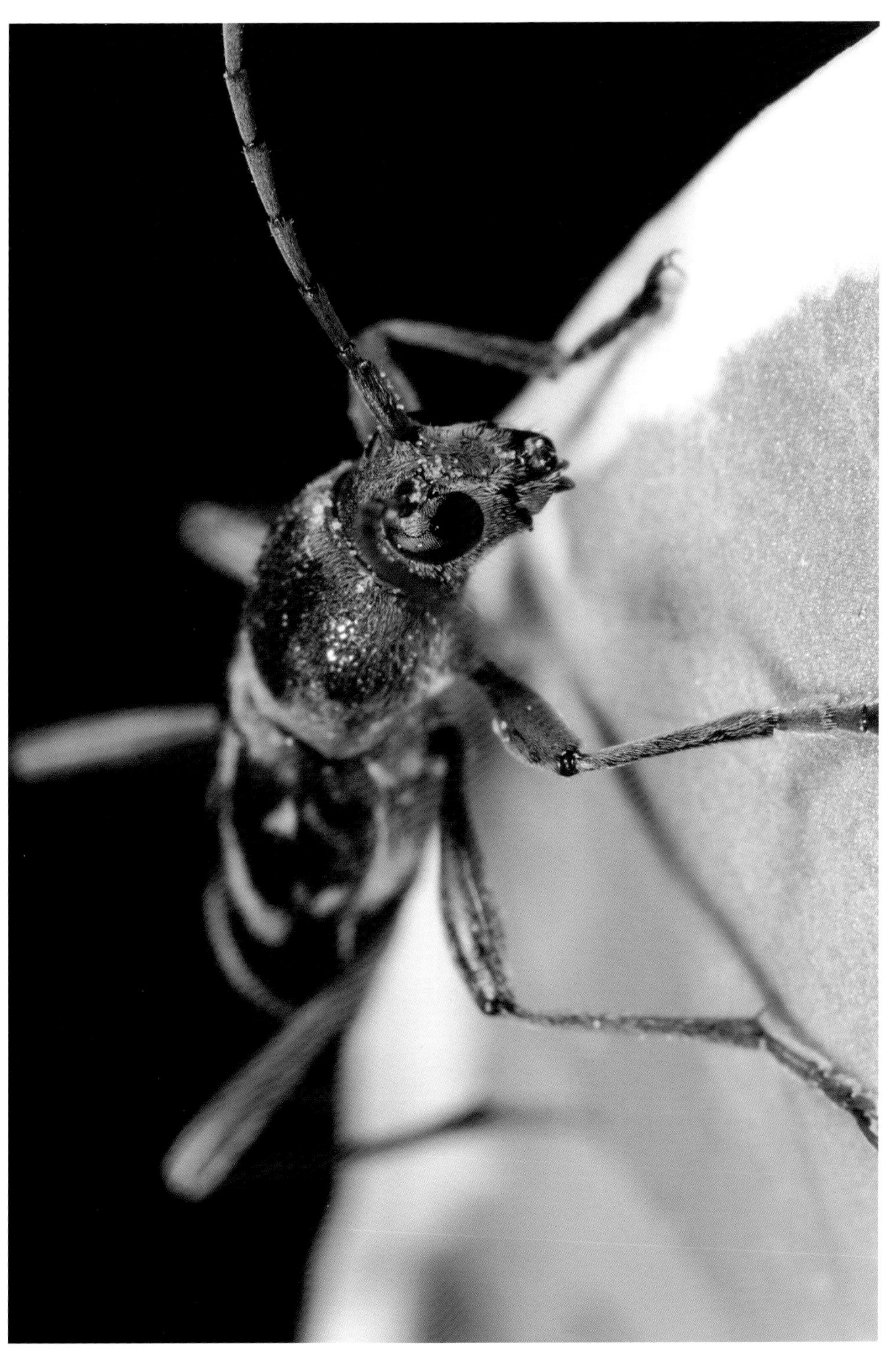

2020 年 8 月 8 日，北京延庆区

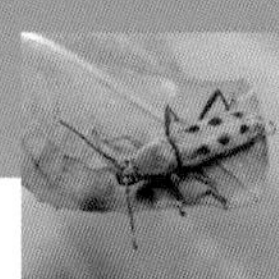

12. 新疆绿虎天牛 *Chlorophorus faldermanni* (Faldermann)

2019 年 7 月 28 日，乌兹别克斯坦撒马尔罕植物园

2019 年 7 月 28 日，乌兹别克斯坦撒马尔罕植物园

2019 年 7 月 28 日，乌兹别克斯坦撒马尔罕植物园

2019 年 7 月 28 日，乌兹别克斯坦撒马尔罕植物园

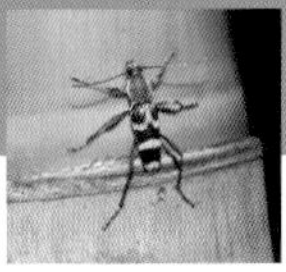

13. 广州绿虎天牛 *Chlorophorus lingnanensis* Gressitt

2006 年 5 月 12 日，浙江桐庐县

14. 杨柳绿虎天牛 *Chlorophorus motschulskyi* (Ganglbauer)

2020 年 6 月 20 日，北京怀柔区

2020 年 6 月 13 日，北京怀柔区

15. 六斑绿虎天牛 *Chlorophorus simillimus* (Kraatz)

2015 年 6 月 17 日，吉林长白山

天牛科 Cerambycidae

16. 曲虎天牛 *Cyrtoclytus capra* (Germar)

2015 年 6 月 17 日，吉林长白山

2015 年 6 月 17 日，吉林长白山

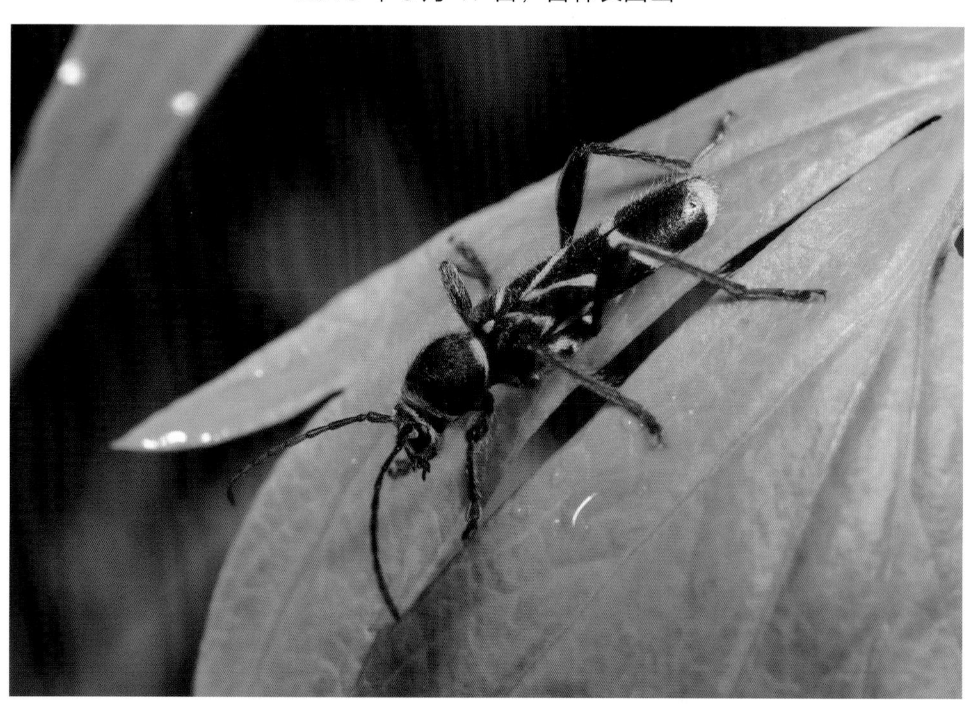

2015 年 6 月 17 日，吉林长白山

17. 小截翅眼花天牛 *Dinoptera minuta* (Gebler)

2015 年 6 月 17 日，吉林长白山

2015 年 6 月 17 日，吉林长白山

18. 锤虎天牛 *Echinocerus floralis* (Pallas)

2018 年 6 月 18 日，吉尔吉斯斯坦比什凯克市

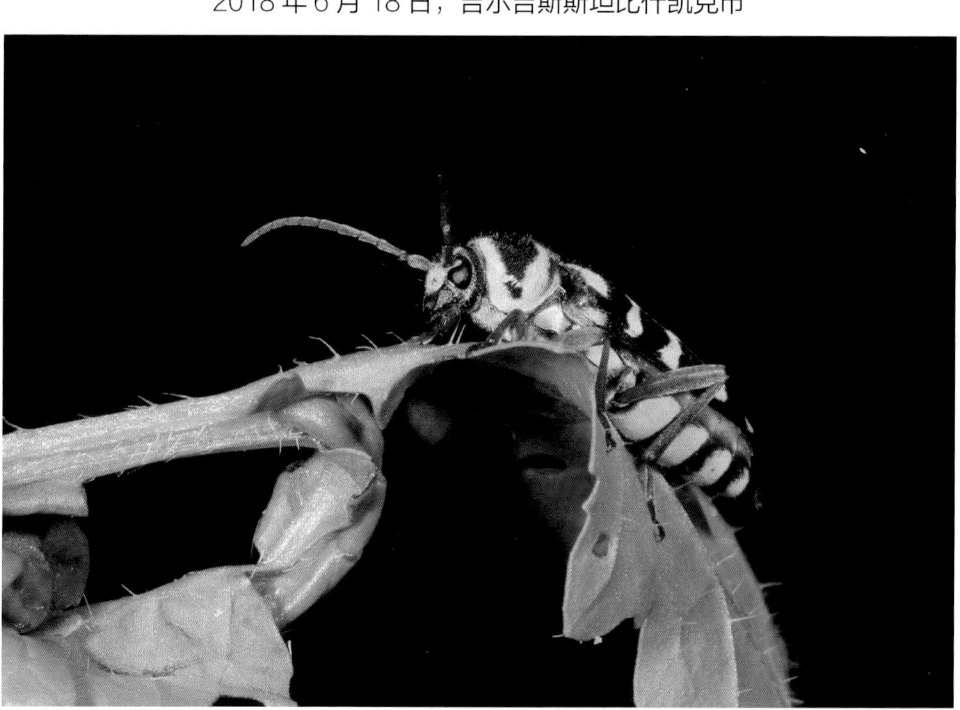

2018 年 6 月 18 日，吉尔吉斯斯坦比什凯克市

19. 戈尔布诺夫草天牛 *Eodorcadion* (Ornatodorcadion) *gorbunovi* Danilevsky

2022 年 8 月 9 日，内蒙古锡林浩特市

2022 年 8 月 9 日，内蒙古锡林浩特市

2021 年 8 月 18 日，内蒙古锡林浩特市

2021 年 8 月 18 日，内蒙古锡林浩特市

2022 年 8 月 9 日，内蒙古锡林浩特市

2021 年 8 月 18 日，内蒙古锡林浩特市

天牛科 Cerambycidae

20. 橡黑花天牛 *Leptura aethiops* Poda

2015 年 6 月 17 日，吉林长白山

21. 曲纹花天牛 *Leptura annularis* Fabricius

2015 年 6 月 18 日，吉林长白山

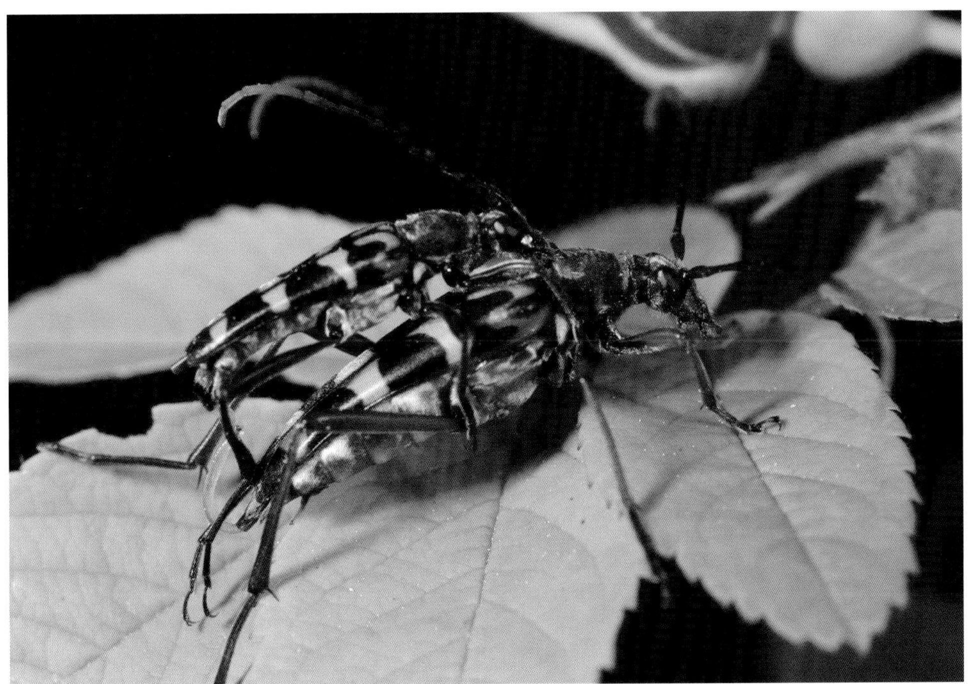

2015 年 6 月 18 日，吉林长白山

22. 四点象天牛 *Mesosa myops* (Dalman)

2022 年 4 月 17 日，北京怀柔区

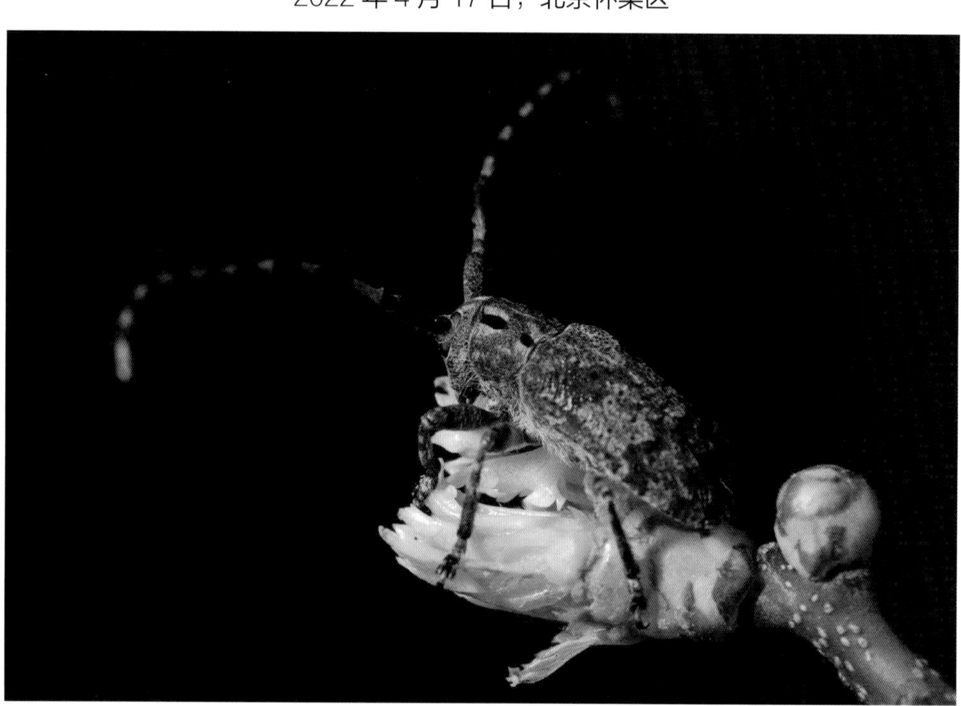

2022 年 4 月 17 日，北京怀柔区

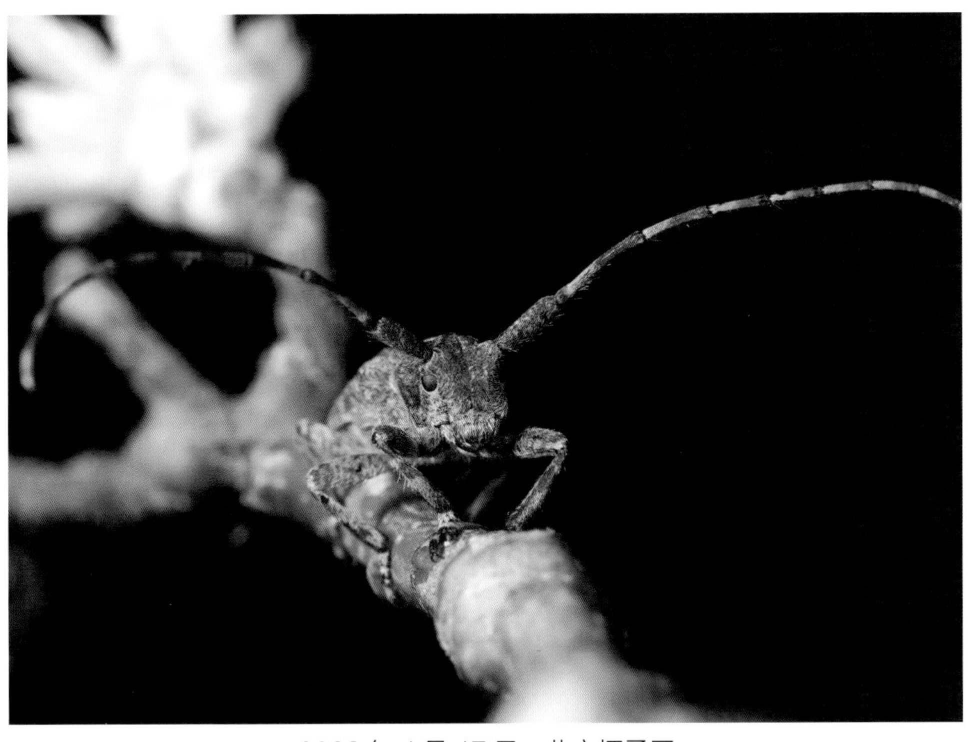

2022 年 4 月 17 日，北京怀柔区

2022 年 4 月 17 日，北京怀柔区

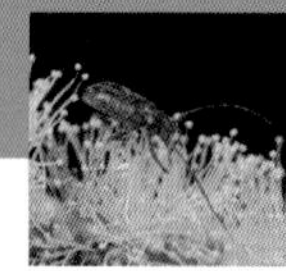

23. 玛理短跗天牛 *Miaenia maritima* Tsherepanov

2020 年 6 月 13 日，北京怀柔区，板栗花

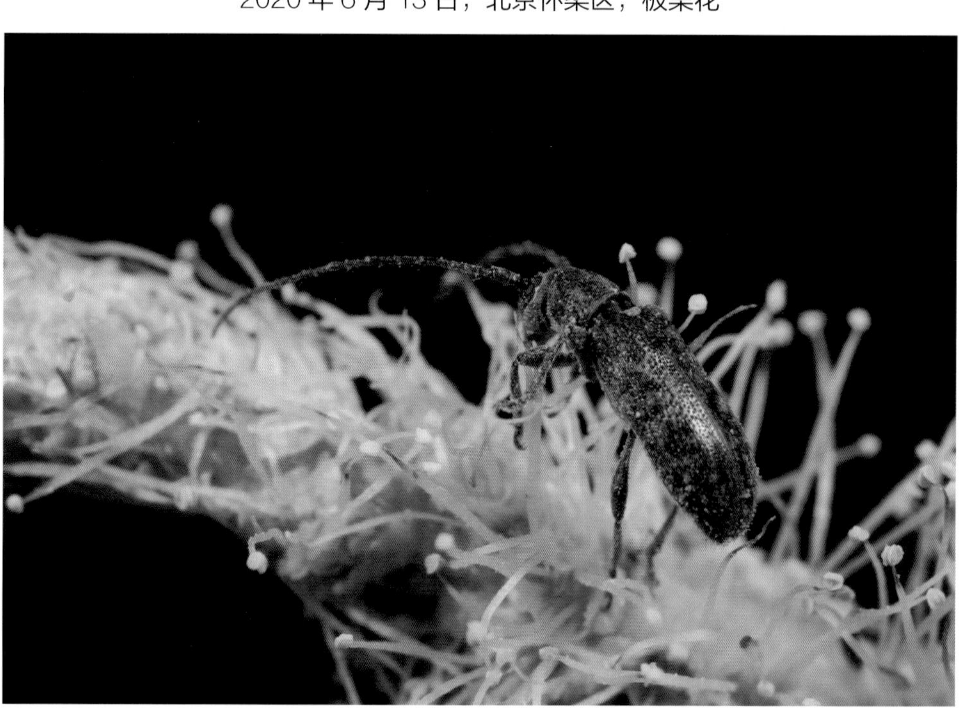

2020 年 6 月 13 日，北京怀柔区，板栗花

24. 双簇污天牛 *Moechotypa diphysis* (Pascoe)

2022 年 4 月 17 日，北京怀柔区

2022 年 4 月 17 日，北京怀柔区

2022 年 4 月 17 日，北京怀柔区

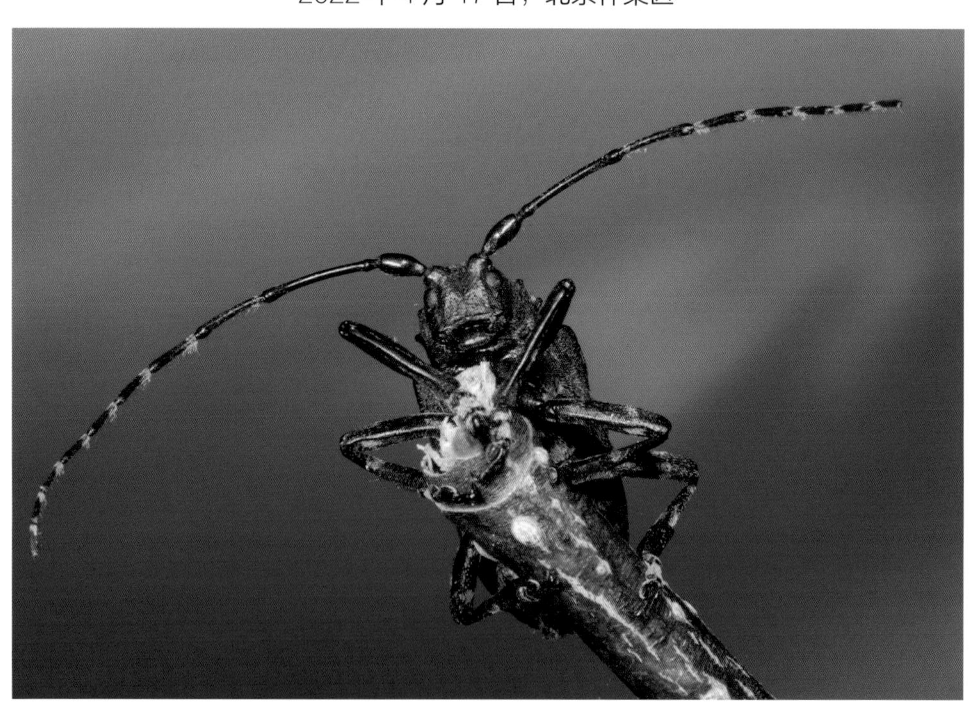

2020 年 7 月 4 日，北京怀柔区

25. 松墨天牛 *Monochamus alternatus* Hope

2003 年 4 月 17 日，安徽宣城市

天牛科 Cerambycidae

26. 肿腿花天牛 *Oedecnema gebleri* (Ganglbauer)

2015 年 6 月 17 日，吉林长白山

27. 黑点粉天牛 *Olenecamptus clarus* Pascoe

2020 年 10 月 7 日，北京昌平区

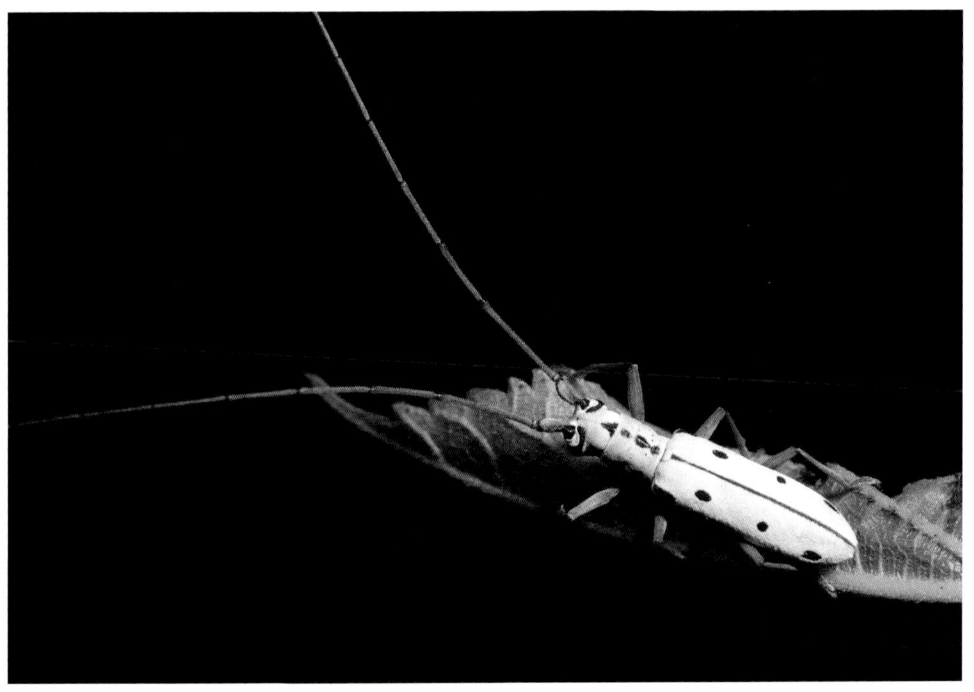

2020 年 10 月 7 日，北京昌平区

2020 年 10 月 7 日，北京昌平区

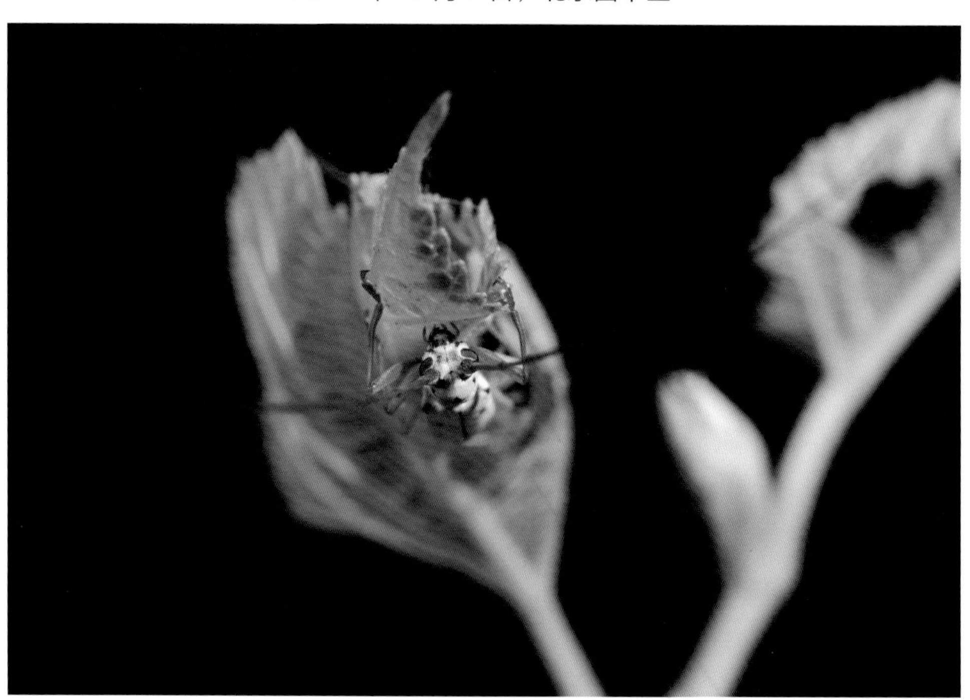

2020 年 10 月 7 日，北京昌平区

2020 年 10 月 7 日，北京昌平区

2020 年 10 月 7 日，北京昌平区

天牛科 Cerambycidae

28. 蒙古小筒天牛 *Phytoecia mongolorum* Namhaidorzh

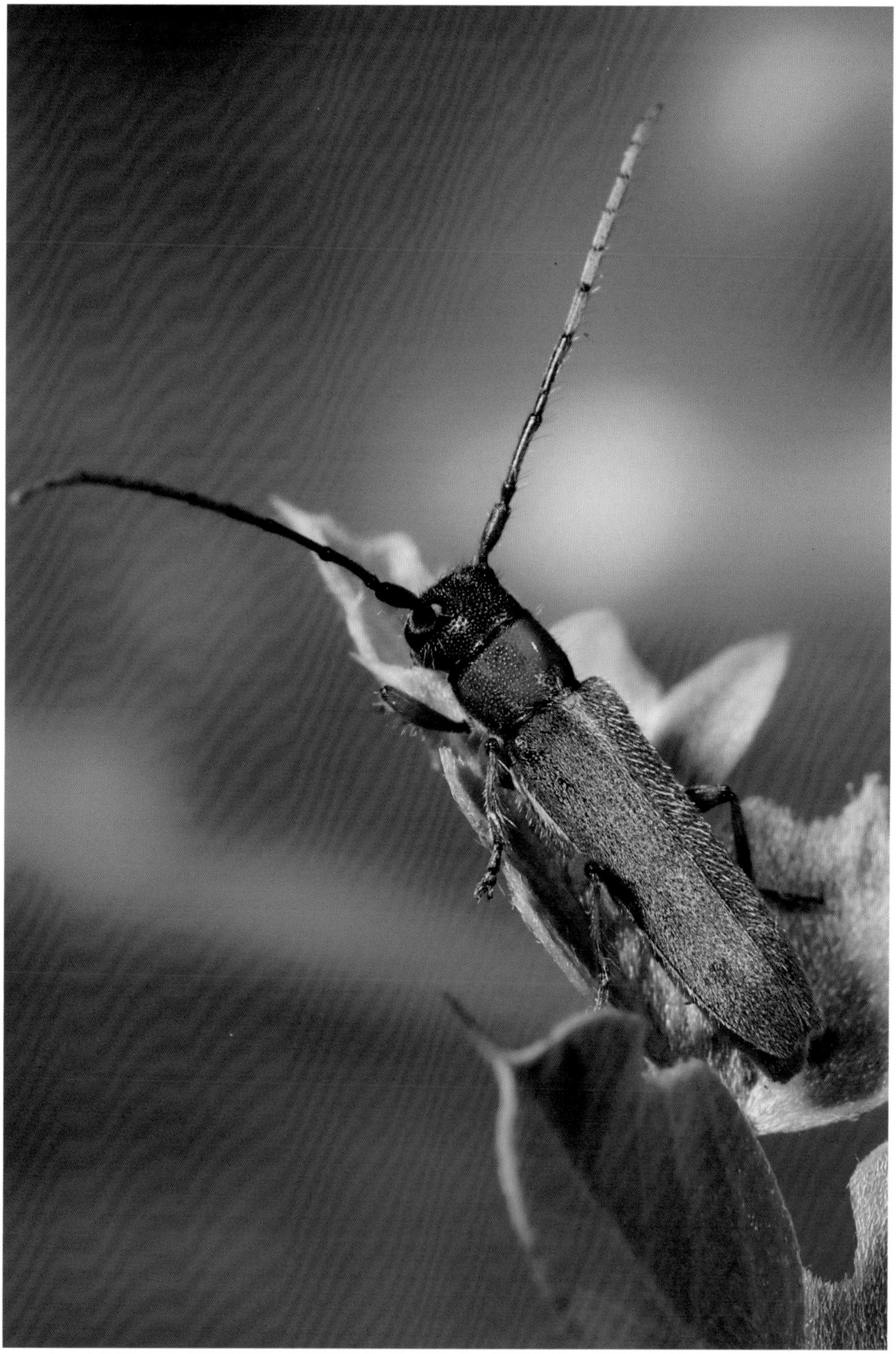

2021 年 6 月 18 日，内蒙古锡林浩特市

2021 年 6 月 18 日，内蒙古锡林浩特市

2021 年 6 月 18 日，内蒙古锡林浩特市

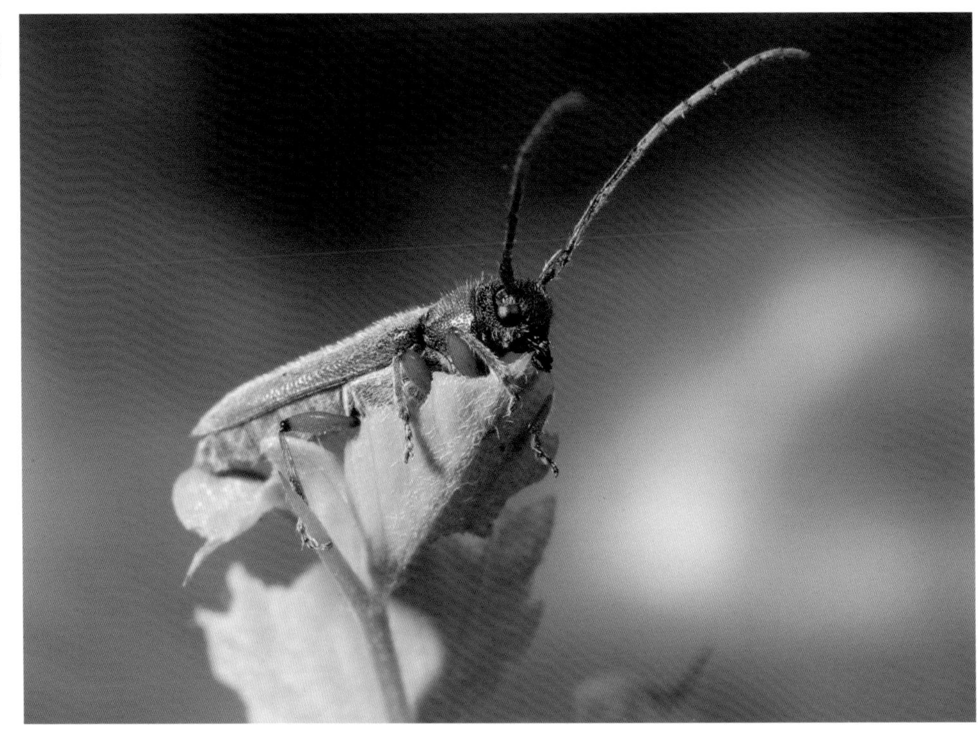

2021 年 6 月 18 日，内蒙古锡林浩特市

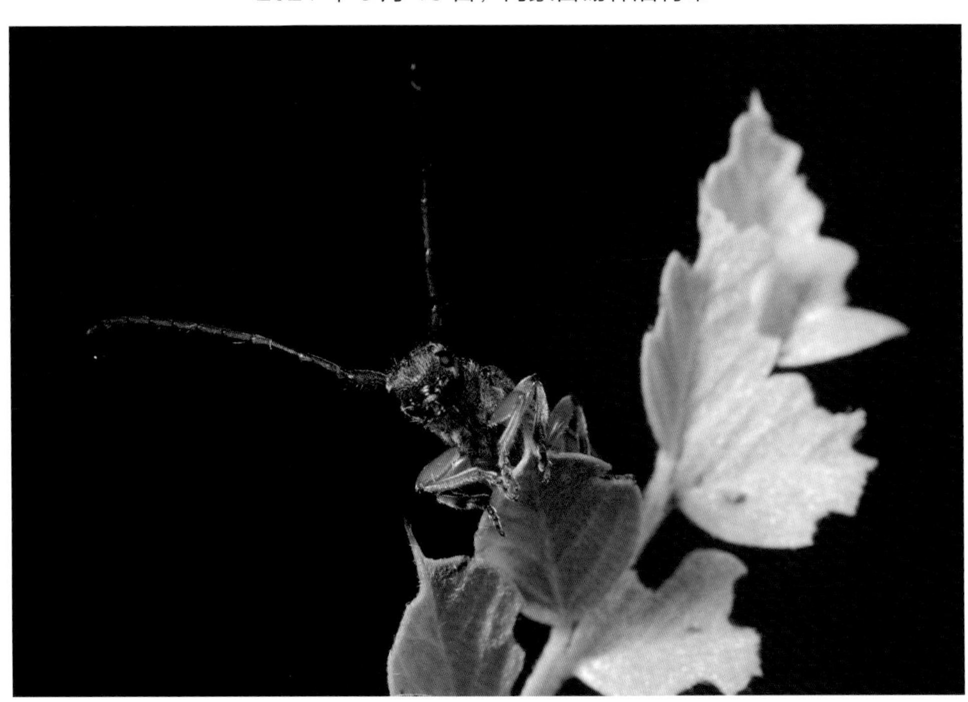

2021 年 6 月 18 日，内蒙古锡林浩特市

29. 多带天牛 *Polyzonus fasciatus* (Fabricius)

2020 年 7 月 19 日，北京门头沟区

2020 年 7 月 19 日，北京门头沟区

2020 年 7 月 19 日，北京门头沟区

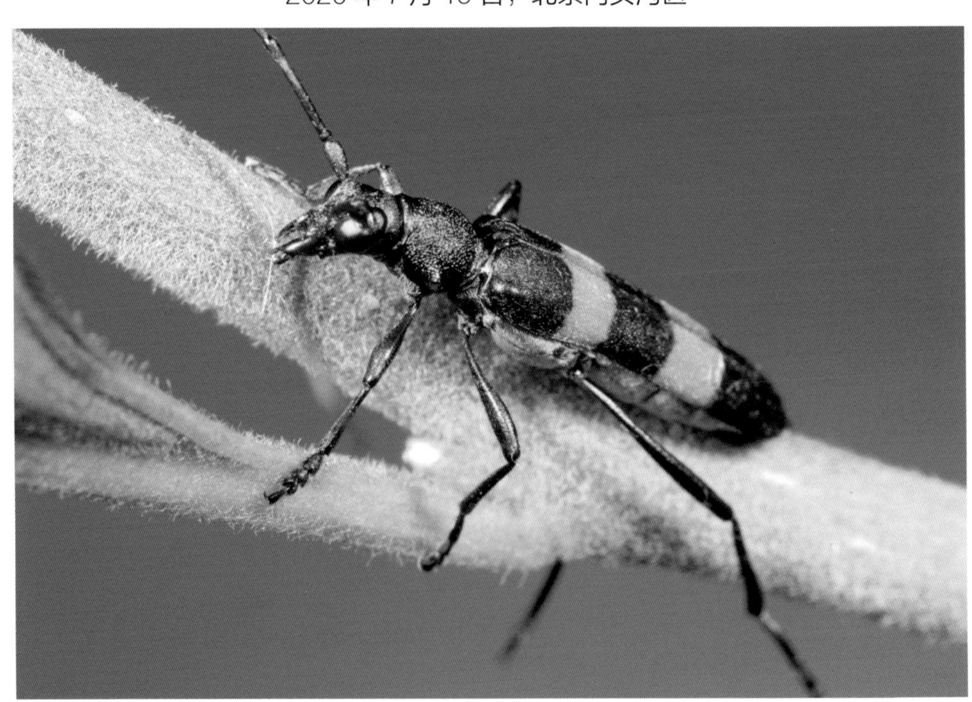

2014 年 8 月 10 日，陕西丹凤县

天牛科 Cerambycidae

30. 多点坡天牛 *Pterolophia multinotata* Pic

2014 年 8 月 12 日，陕西丹凤县

2014 年 8 月 12 日，陕西丹凤县

2014 年 8 月 12 日，陕西丹凤县

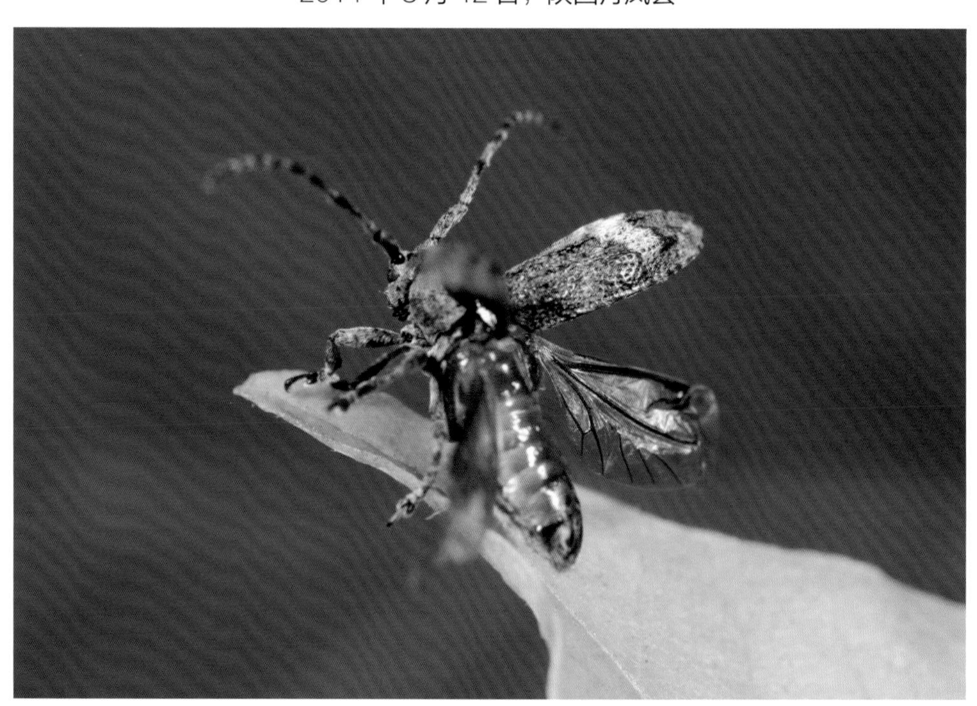

2014 年 8 月 12 日，陕西丹凤县

31. 拟蜡天牛 *Stenygrinum quadrinotatum* Bates

2014 年 7 月 27 日，陕西宁陕县

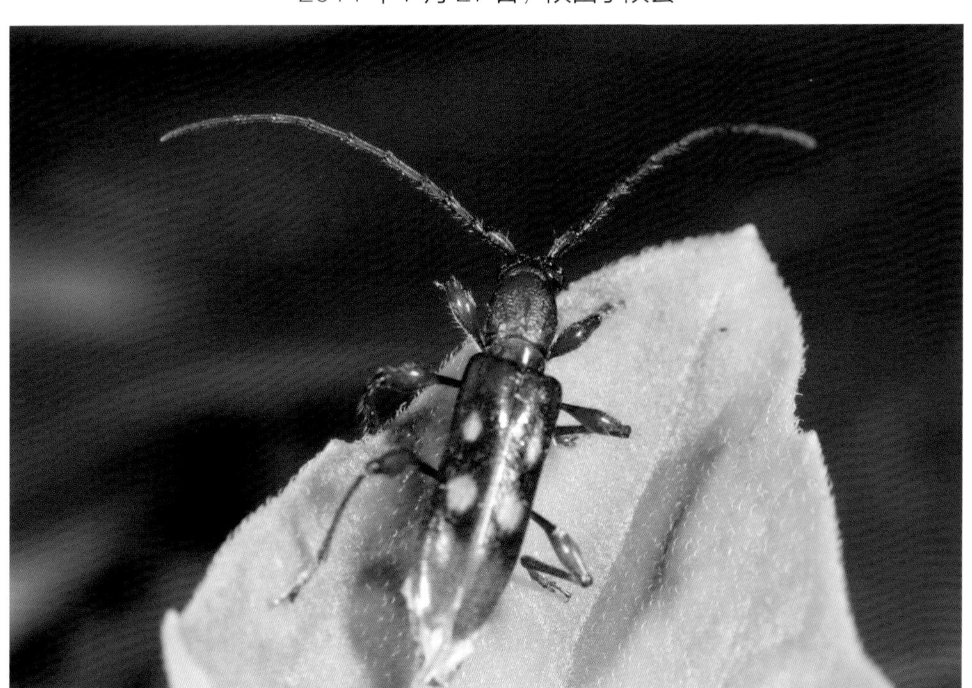

2014 年 7 月 27 日，陕西宁陕县

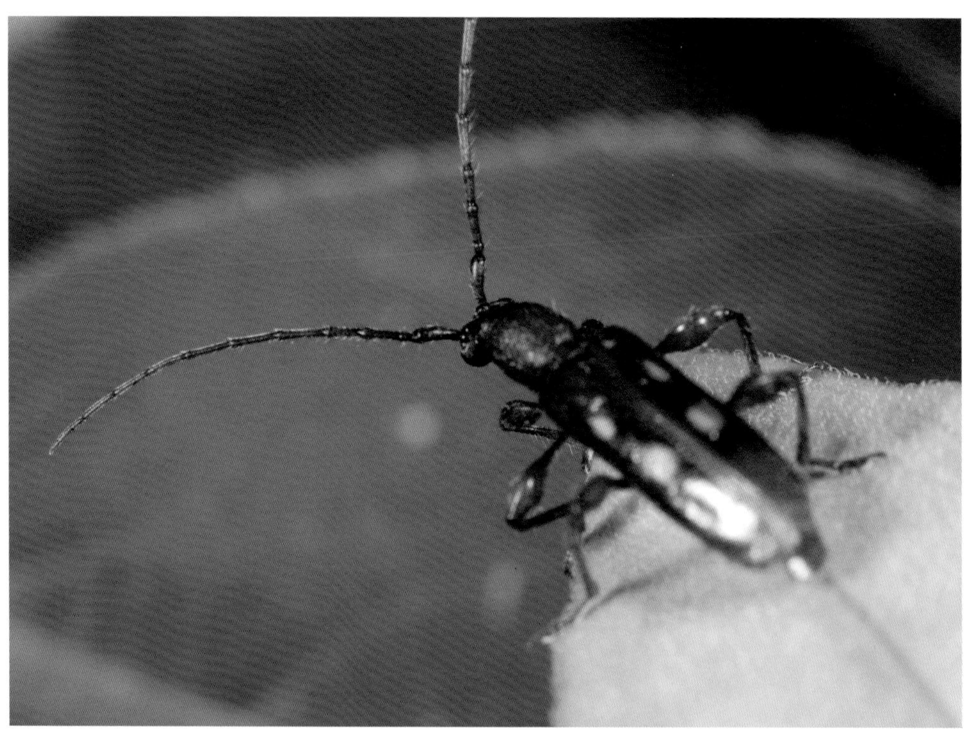

2014 年 7 月 27 日，陕西宁陕县

2014 年 7 月 27 日，陕西宁陕县

32. 竖毛天牛 *Thyestilla gebleri* (Faldermann)

2015 年 6 月 19 日，吉林长白山

2021 年 7 月 3 日，天津宝坻区

2021 年 7 月 3 日，天津宝坻区

2021 年 7 月 3 日，天津宝坻区

天牛科 Cerambycidae

33. 土库曼天牛 *Turcmenigena warenzowi* Melgunov

2006 年 7 月 4 日，新疆阜康市，梭梭

2006 年 7 月 4 日，新疆阜康市，梭梭

2006 年 7 月 4 日，新疆阜康市，梭梭

34. 十四点负泥虫 *Cricericus quatuordecimpunctata* (Scopoli)

2021 年 6 月 17 日，内蒙古锡林浩特市

2021 年 6 月 17 日，内蒙古锡林浩特市

2021 年 6 月 17 日，内蒙古锡林浩特市

2021 年 6 月 18 日，内蒙古锡林浩特市

35. 东方负泥虫 *Crioceris orientalis* Jacoby

2022 年 8 月 9 日，内蒙古锡林浩特市

2022 年 8 月 9 日，内蒙古锡林浩特市

2022 年 8 月 9 日，内蒙古锡林浩特市

2022 年 8 月 9 日，内蒙古锡林浩特市

2021 年 6 月 17 日，内蒙古锡林浩特市

2021 年 6 月 17 日，内蒙古锡林浩特市

2021 年 6 月 18 日，内蒙古锡林浩特市

2021 年 6 月 18 日，内蒙古锡林浩特市

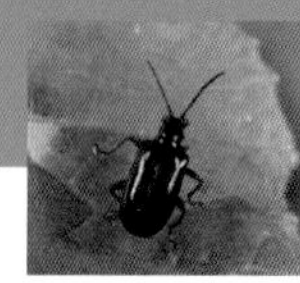

36. 蓝负泥虫 *Lema concinnipennis* Baly

2022 年 6 月 19 日，北京怀柔区

37. 鸭跖草负泥虫 *Lema diversa* Baly

2006 年 8 月 6 日，河北乐亭县

2006 年 8 月 6 日，河北乐亭县

38. 皱胸负泥虫 *Lilioceris cheni* Gressitt *et* Kimoto

2016 年 9 月 29 日，美国塔拉哈希市

2016 年 9 月 29 日，美国塔拉哈希市

2016 年 9 月 29 日，美国塔拉哈希市

叶甲科 Chrysomelidae 负泥虫亚科 Criocerinae

39. 谷子负泥虫 *Oulema tristis* (Herbst)

2021 年 8 月 18 日，内蒙古锡林浩特市

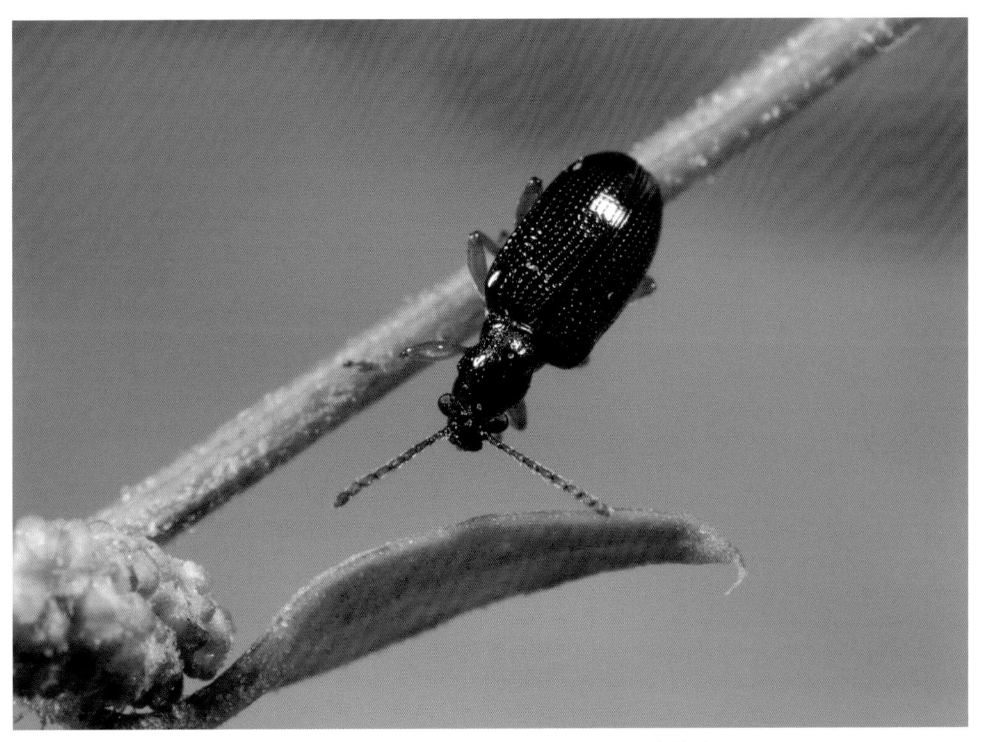

2021 年 8 月 18 日，内蒙古锡林浩特市

2021 年 8 月 18 日，内蒙古锡林浩特市

40. 银合欢豆象 *Acanthoscelides macrophthalmus* (Schaeffer)

2019 年 2 月 15 日，广东广州市华南植物园，银合欢

2019 年 2 月 15 日，广东广州市华南植物园，银合欢

2019 年 2 月 15 日，广东广州市华南植物园，银合欢

2019 年 2 月 15 日，广东广州市华南植物园，银合欢

2019 年 2 月 15 日，广东广州市华南植物园，银合欢

2019 年 2 月 15 日，广东广州市华南植物园，银合欢

2019 年 2 月 15 日，广东广州市华南植物园，银合欢

2019 年 2 月 15 日，广东广州市华南植物园，银合欢

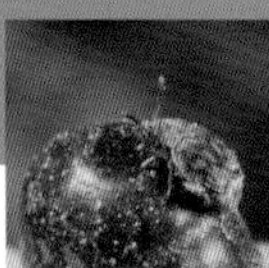

41. 菜豆象 *Acanthoscelides obtectus* (Say)

2017 年 6 月 4 日，贵州贵阳市花溪区

2017 年 6 月 4 日，贵州贵阳市花溪区

2017 年 6 月 4 日，贵州贵阳市花溪区

2017 年 6 月 4 日，贵州贵阳市花溪区

2017 年 6 月 4 日，贵州贵阳市花溪区

2017 年 6 月 4 日，贵州贵阳市花溪区

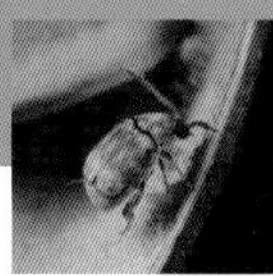

42. 田菁豆象 *Bruchidius chloroticus* (Dalman)

2019 年 2 月 25 日，广东广州市华南植物园，田菁

2019 年 2 月 25 日，广东广州市华南植物园，田菁

2019 年 2 月 25 日，广东广州市华南植物园，田菁

2019 年 2 月 25 日，广东广州市华南植物园，田菁

43. 假木豆豆象 *Bruchidius dendrolobii* Delobel

2019 年 2 月 15 日，海南东方市，假木豆

2019 年 2 月 15 日，海南东方市，假木豆

2019年2月15日，海南东方市，假木豆

2019年2月25日，海南东方市，假木豆

2019 年 2 月 25 日，海南东方市，假木豆

2019 年 2 月 25 日，海南东方市，假木豆

44. 横斑豆象 *Bruchidius japonicus* (Harold)

2020 年 9 月 11 日，江西龙南市九连山镇

2020 年 9 月 11 日，江西龙南市九连山镇

2020 年 9 月 11 日，江西龙南市九连山镇

2020 年 9 月 11 日，江西龙南市九连山镇

45. 蚕豆象 *Bruchus rufimanus* Boheman

天牛科
叶甲科
负泥虫亚科
豆象亚科 >
龟甲亚科
铁甲亚科
肖叶甲亚科
叶甲亚科
萤叶甲亚科
跳甲亚科
水叶甲亚科

2019 年 2 月 25 日，广西那坡县，决明

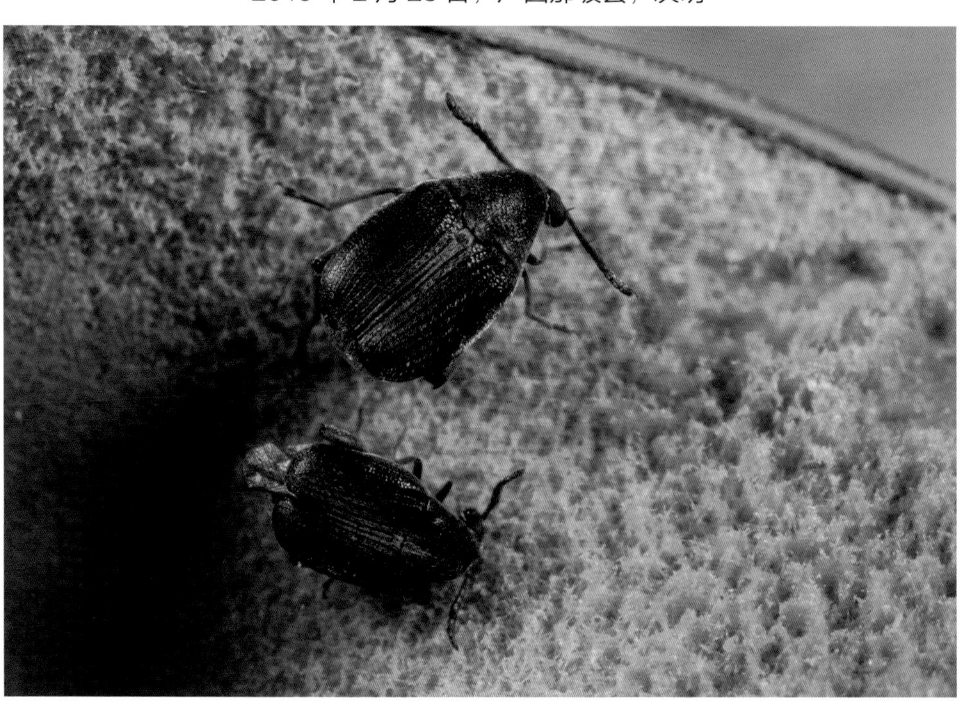

2019 年 2 月 25 日，广西那坡县，决明

2019 年 2 月 25 日，广西那坡县，决明

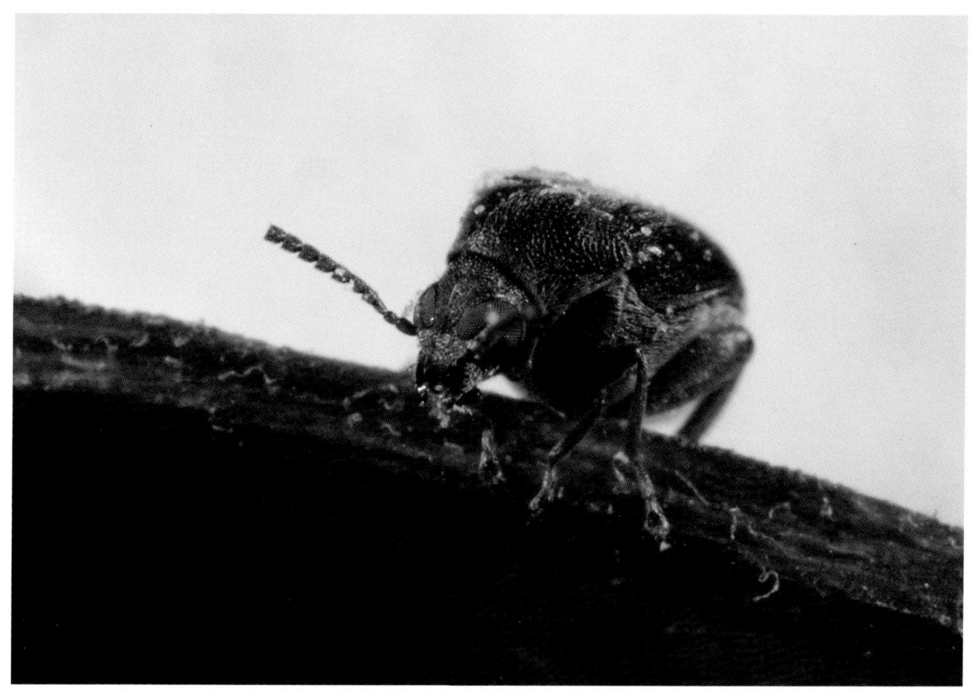

2019 年 2 月 25 日，广西那坡县，决明

2019 年 2 月 25 日，广西那坡县，决明

46. 绿豆象 *Callosobruchus chinensis* (Linnaeus)

2020 年 9 月 7 日，广东始兴县

2020 年 8 月 20 日，湖南邵阳

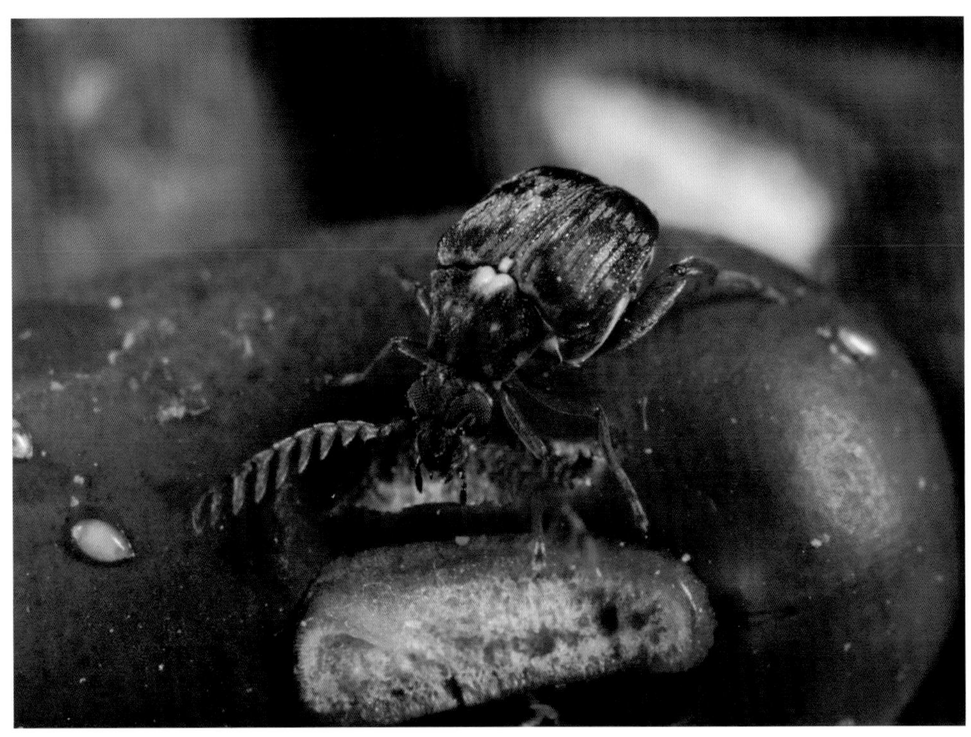

2022 年 6 月 29 日，山东海阳市

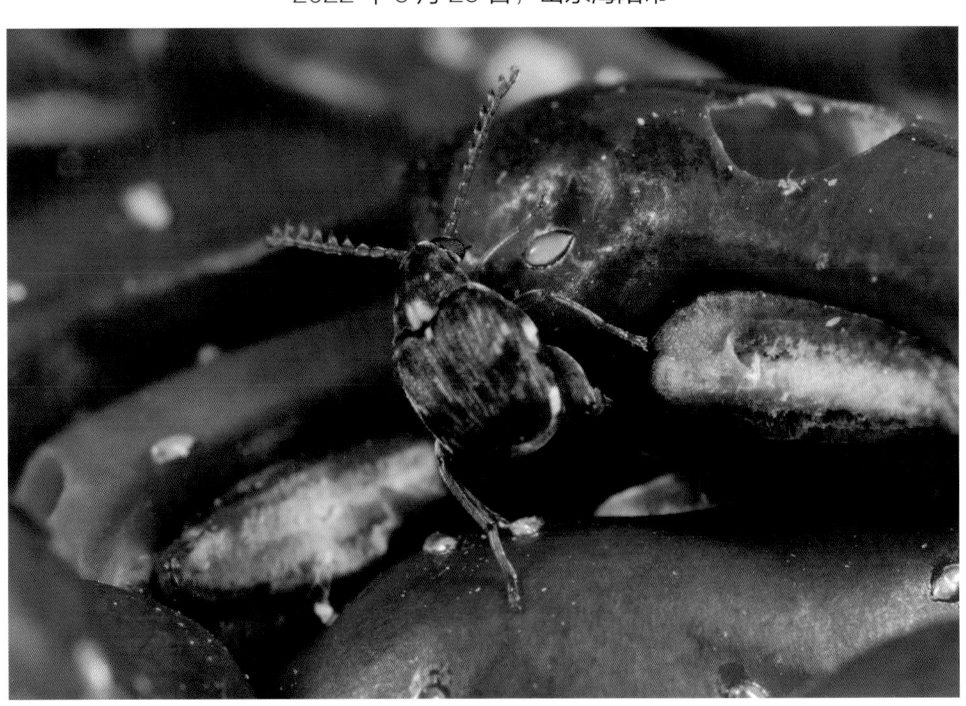

2022 年 6 月 29 日，山东海阳市

2022 年 6 月 29 日，山东海阳市

2022 年 6 月 29 日，山东海阳市

2022 年 6 月 29 日，山东海阳市

2022 年 6 月 29 日，山东海阳市

2014 年 8 月 3 日，陕西旬阳市

2014 年 8 月 3 日，陕西旬阳市

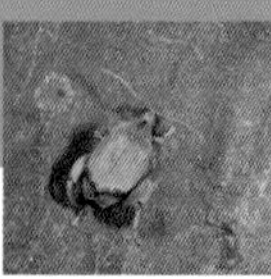

47. 粗腿豆象 *Caryedon* sp.

2019 年 4 月 7 日，广东江门市，李叶羊蹄甲

2019 年 4 月 7 日，广东江门市，李叶羊蹄甲

2019 年 4 月 7 日，广东江门市，李叶羊蹄甲

2019 年 4 月 7 日，广东江门市，李叶羊蹄甲

48. 麻藤巨粗腿豆象 *Carypemon gigantues* Pic

2019 年 3 月 18 日，广东肇庆市鼎湖山，白花油麻藤

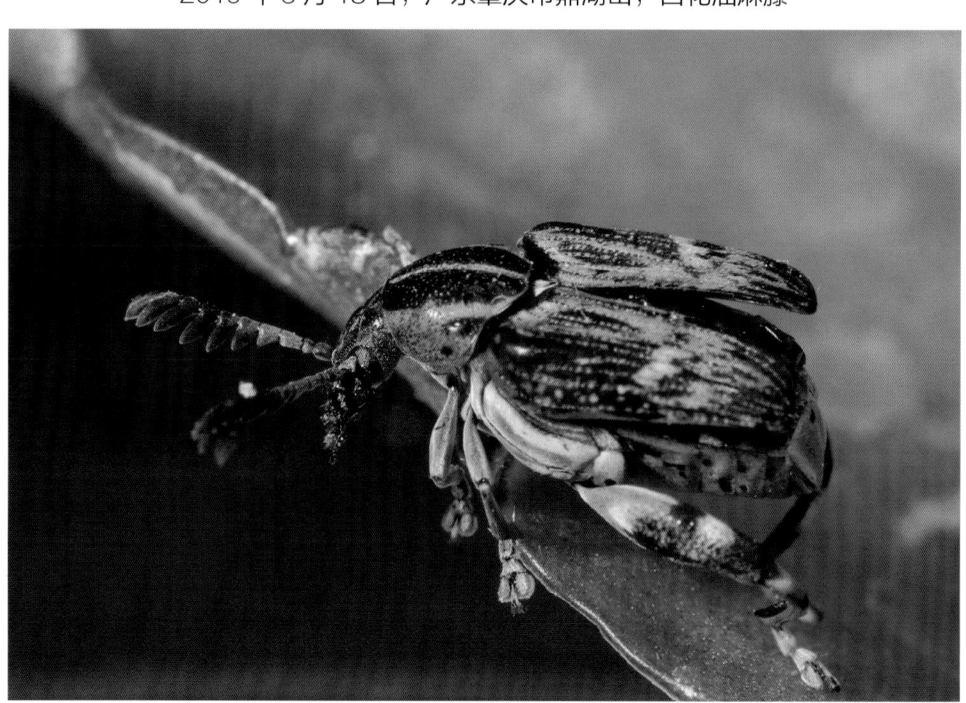

2019 年 3 月 18 日，广东肇庆市鼎湖山，白花油麻藤

2019 年 3 月 18 日，广东肇庆市鼎湖山，白花油麻藤

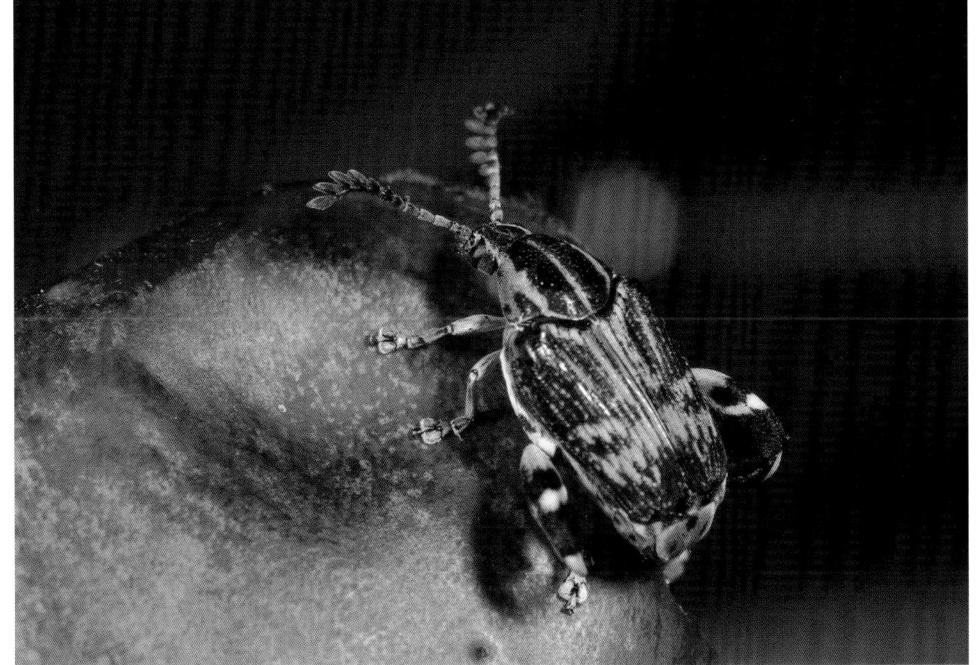

2019 年 3 月 18 日，广东肇庆市鼎湖山，白花油麻藤

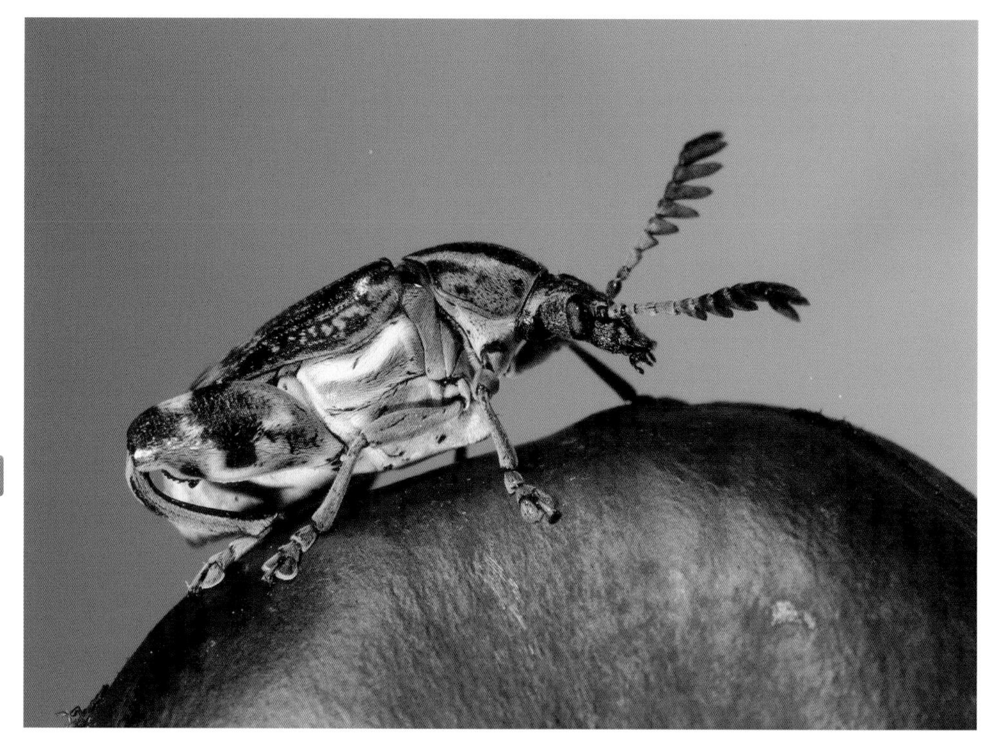

2019 年 3 月 18 日，广东肇庆市鼎湖山，白花油麻藤

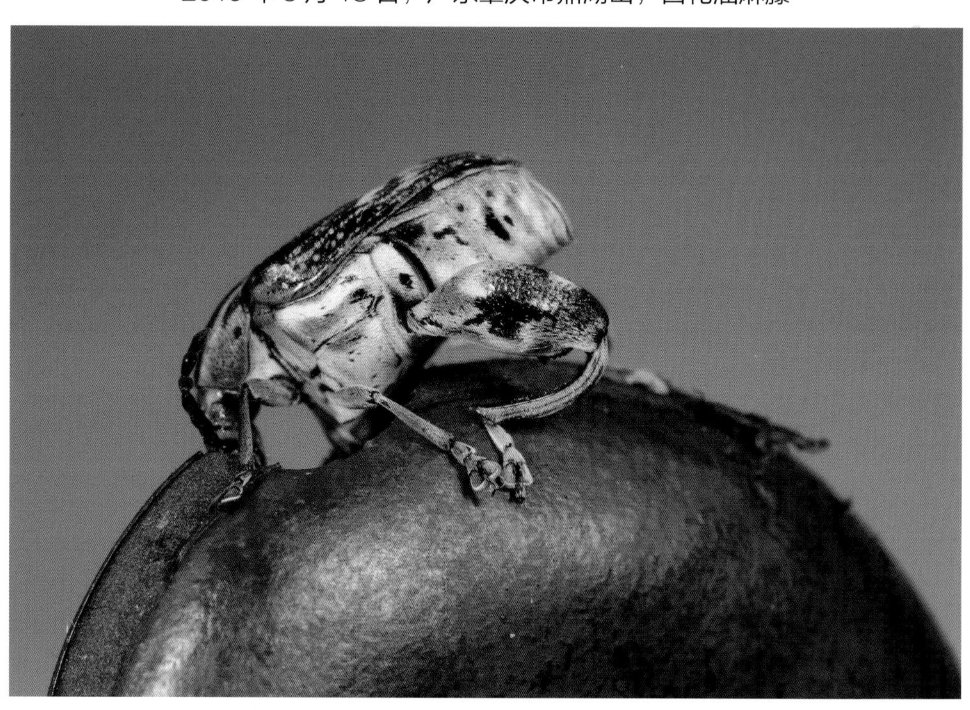

2019 年 3 月 18 日，广东肇庆市鼎湖山，白花油麻藤

2019 年 3 月 18 日，广东肇庆市鼎湖山，白花油麻藤

2019 年 3 月 18 日，广东肇庆市鼎湖山，白花油麻藤

2019 年 3 月 18 日，广东肇庆市鼎湖山，白花油麻藤

2019 年 3 月 18 日，广东肇庆市鼎湖山，触角，白花油麻藤

49. 四瘤豆象 *Horridobruchus quadridentatus* (Pic)

2019 年 4 月 17 日，广西靖西市安德镇，云实

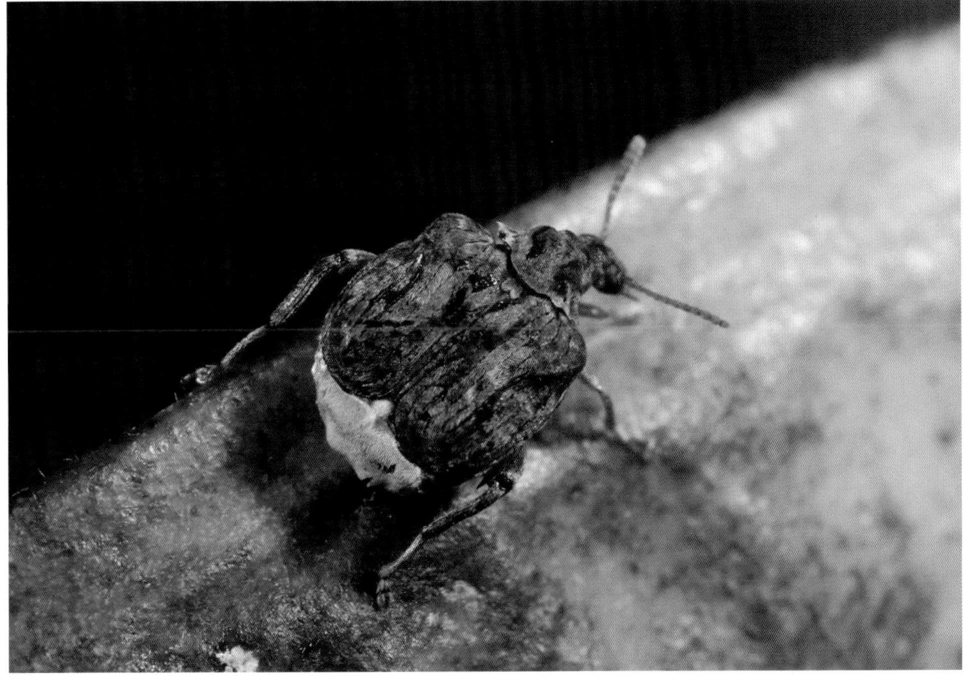

2019 年 4 月 17 日，广西靖西市安德镇，云实

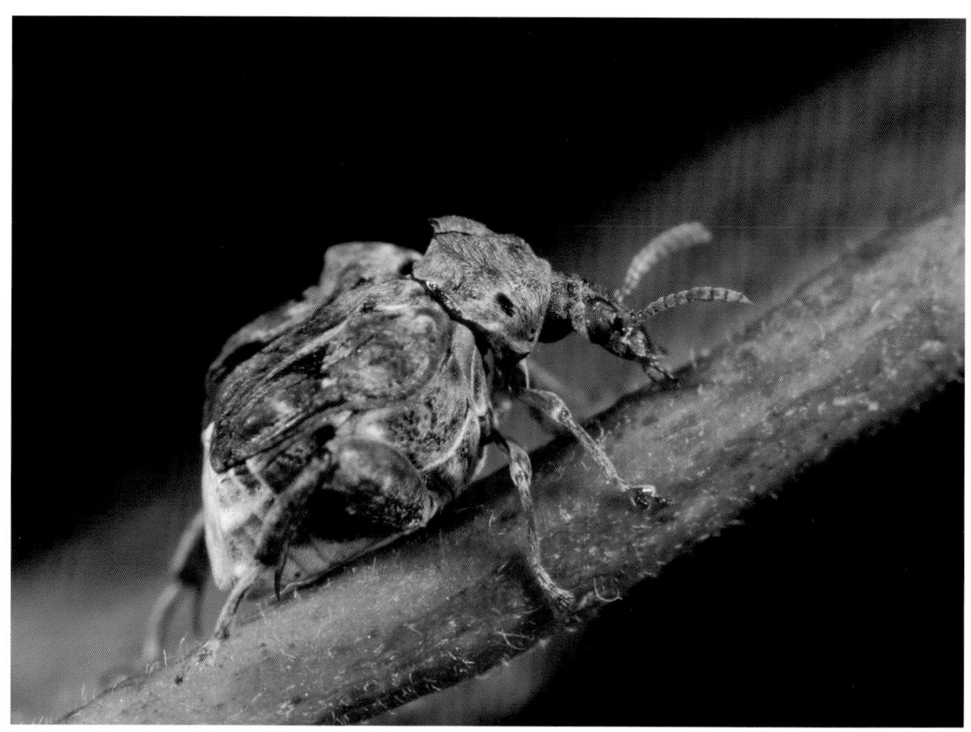

2019 年 4 月 17 日，广西靖西市安德镇，云实

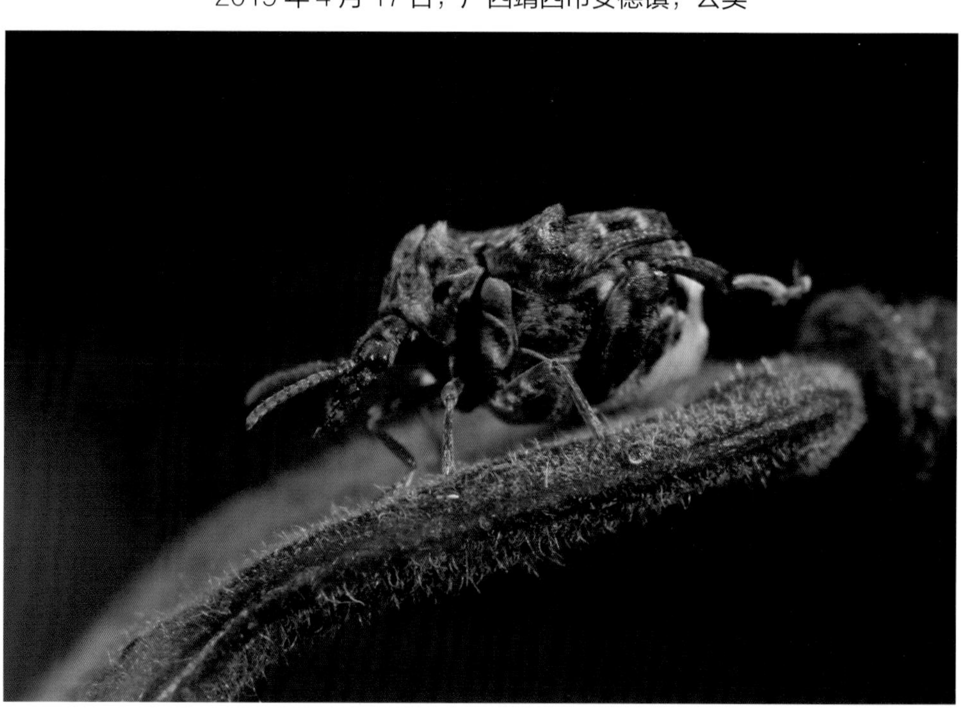

2019 年 4 月 17 日，广西靖西市安德镇，云实

2019 年 4 月 17 日，广西靖西市安德镇，云实

2019 年 4 月 17 日，广西靖西市安德镇，云实

2019 年 4 月 17 日，广西靖西市安德镇，云实

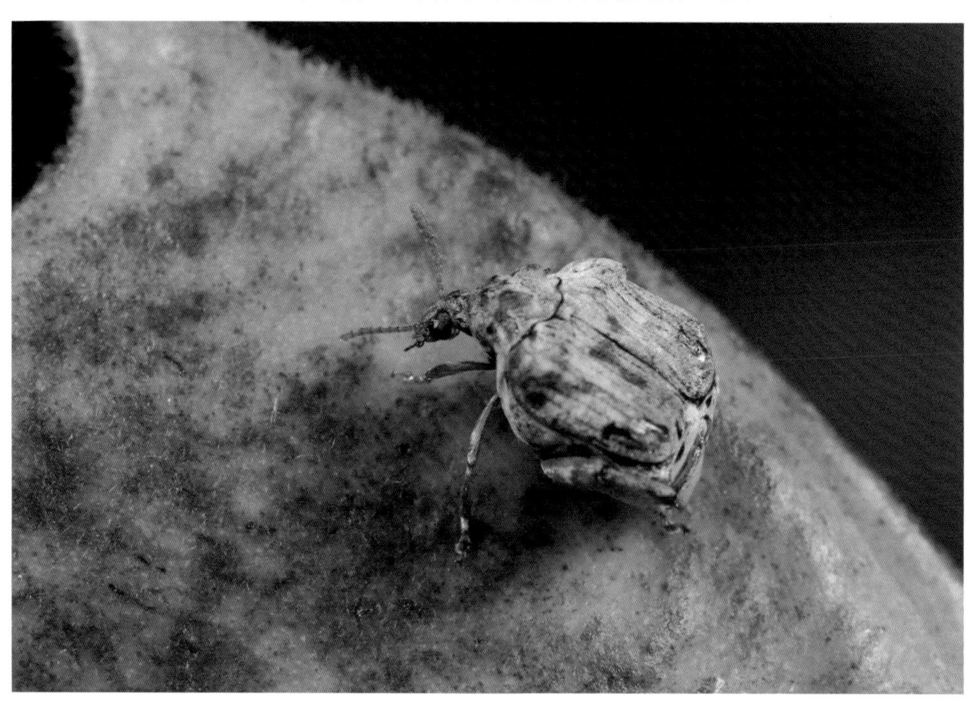

2019 年 4 月 17 日，广西靖西市安德镇，云实

2019 年 4 月 17 日，广西靖西市安德镇，云实

50. 皂角豆象 *Megabruchidius dorsalis* Fahraeus

2020 年 11 月 17 日，贵州织金县，皂角

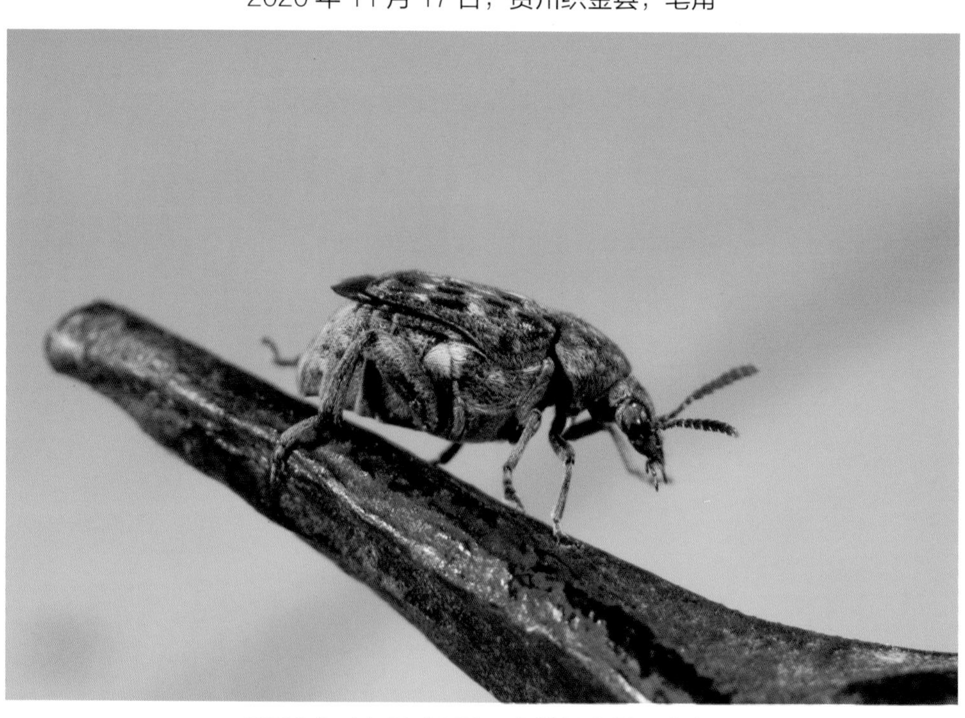

2020 年 11 月 17 日，贵州织金县，皂角

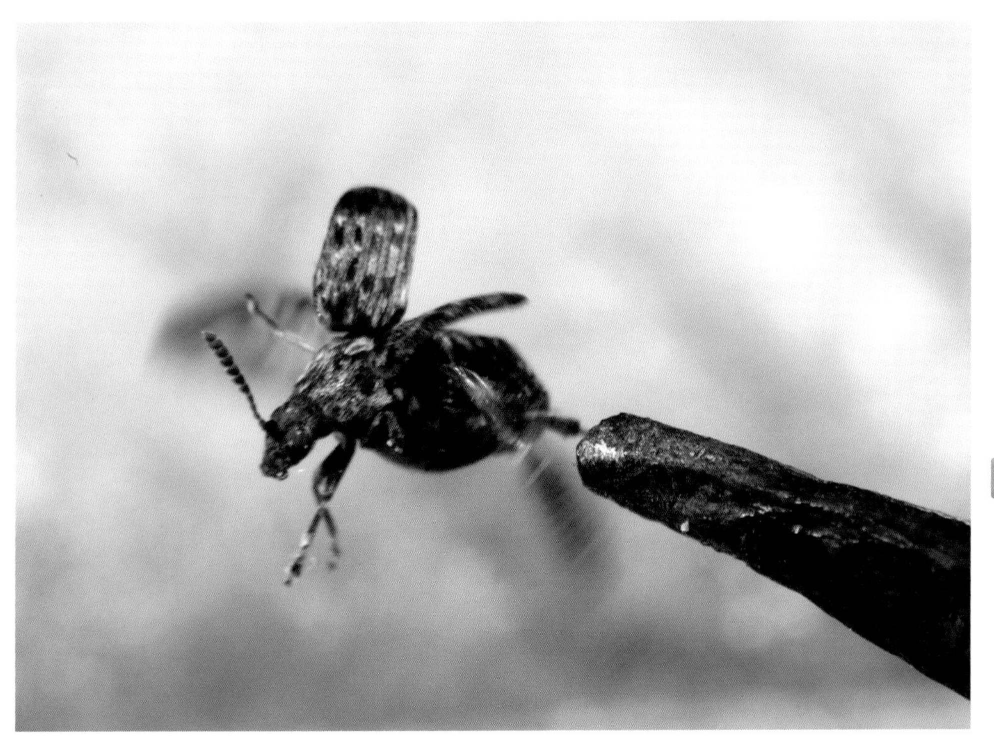

2020 年 11 月 17 日，贵州织金县，皂角

2020 年 11 月 17 日，贵州织金县，皂角

2020 年 11 月 17 日，贵州织金县，皂角

2020 年 11 月 17 日，贵州织金县，皂角

2020 年 11 月 17 日，贵州织金县，皂角

2020 年 11 月 17 日，贵州织金县，皂角

叶甲科 Chrysomelidae 豆象亚科 Bruchinae

51. 牵牛豆象 *Spermophagus sericeus* (Geoffroy)

2020 年 9 月 26 日，天津宝坻区，蒲公英

52. 金梳龟甲 *Aspidimorpha sanctaecrucis* (Fabricius)

2019 年 5 月 4 日，湖北利川市

2019 年 5 月 4 日，湖北利川市

2019 年 5 月 4 日，湖北利川市

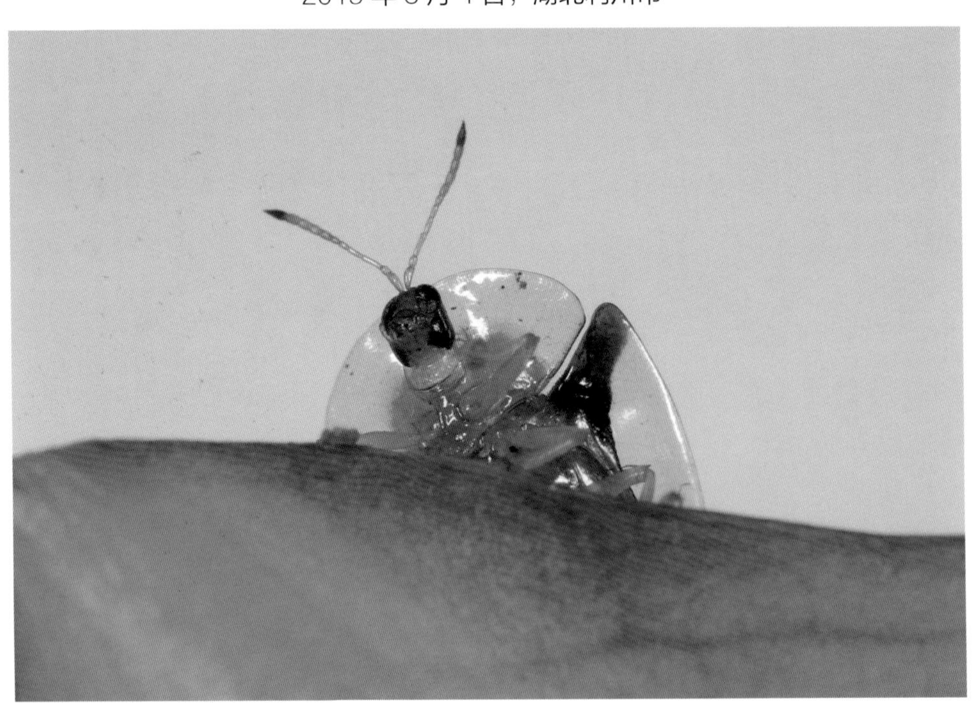

2019 年 5 月 4 日，湖北利川市

2019 年 5 月 4 日，湖北利川市

2019 年 5 月 4 日，湖北利川市

53. 龟甲 *Cassida* sp.

2022 年 6 月 18 日，北京怀柔区

2020 年 8 月 30 日，北京怀柔区，幼虫

2020 年 8 月 30 日，北京怀柔区，幼虫

2020 年 8 月 30 日，北京怀柔区，幼虫

54. 甘薯腊龟甲 *Laccoptera nepalensis* Boheman

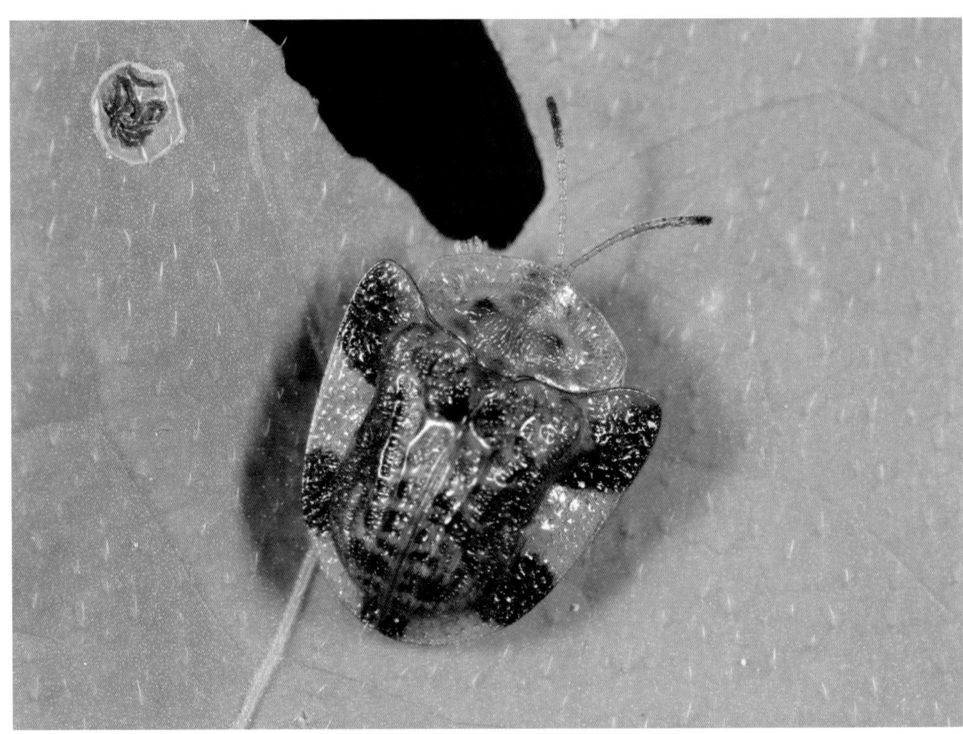

2018 年 9 月 6 日，北京房山区

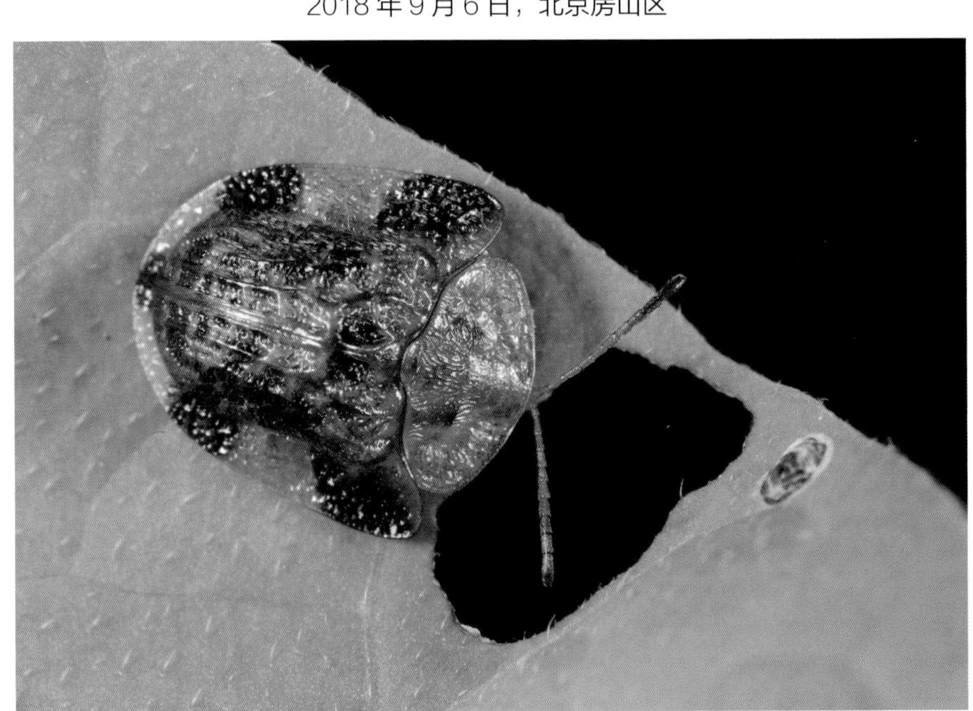

2018 年 9 月 6 日，北京房山区

2020 年 10 月 1 日，北京门头沟区

2020 年 10 月 1 日，北京门头沟区

2020 年 7 月 4 日，北京昌平区

2020 年 7 月 4 日，北京昌平区

2020 年 7 月 4 日，北京昌平区

2020 年 7 月 4 日，北京昌平区

2020 年 7 月 4 日，北京昌平区

2017 年 10 月 4 日，河北涞水县

2017 年 10 月 4 日，河北涞水县

55. 双枝尾龟甲 *Thlaspida biramosa* (Boheman)

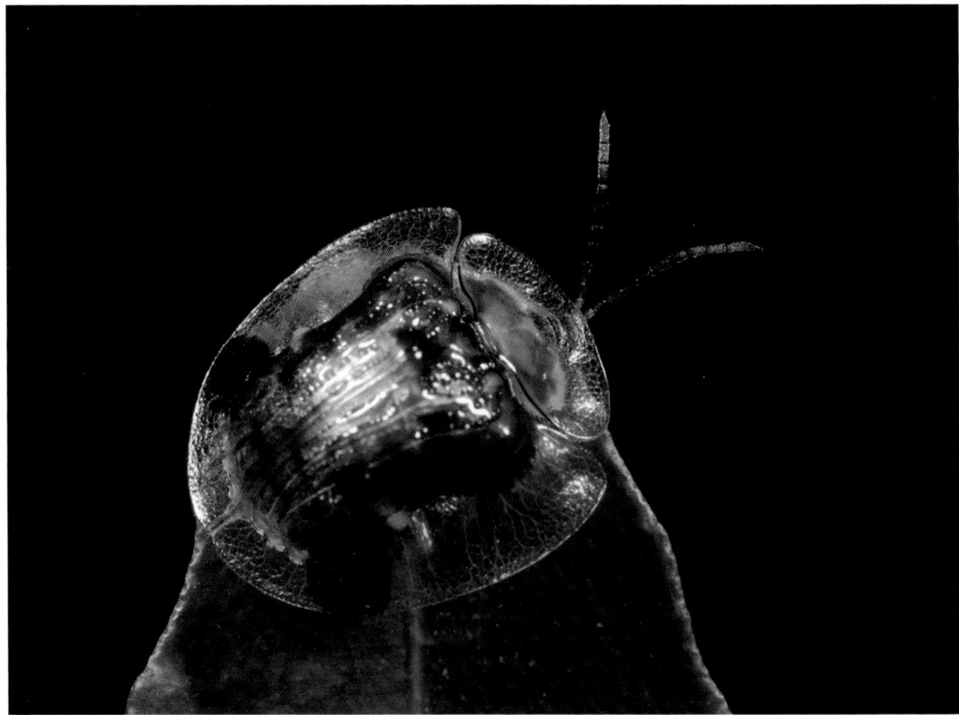

2020 年 8 月 17 日，广西龙胜县

2020 年 8 月 17 日，广西龙胜县

2020 年 8 月 17 日，广西龙胜县

2020 年 8 月 17 日，广西龙胜县

56. 椰心叶甲 *Brontispa longissima* (Gestro)

2021 年 7 月 26 日，海南儋州市，椰子

2021 年 7 月 26 日，海南儋州市，椰子

2021 年 7 月 26 日，海南儋州市，椰子

2021 年 7 月 26 日，海南儋州市，椰子

2021 年 7 月 26 日，海南儋州市，椰子

2021 年 7 月 26 日，海南儋州市，椰子

2021 年 7 月 26 日，海南儋州市，椰子

2021 年 7 月 26 日，海南儋州市，椰子

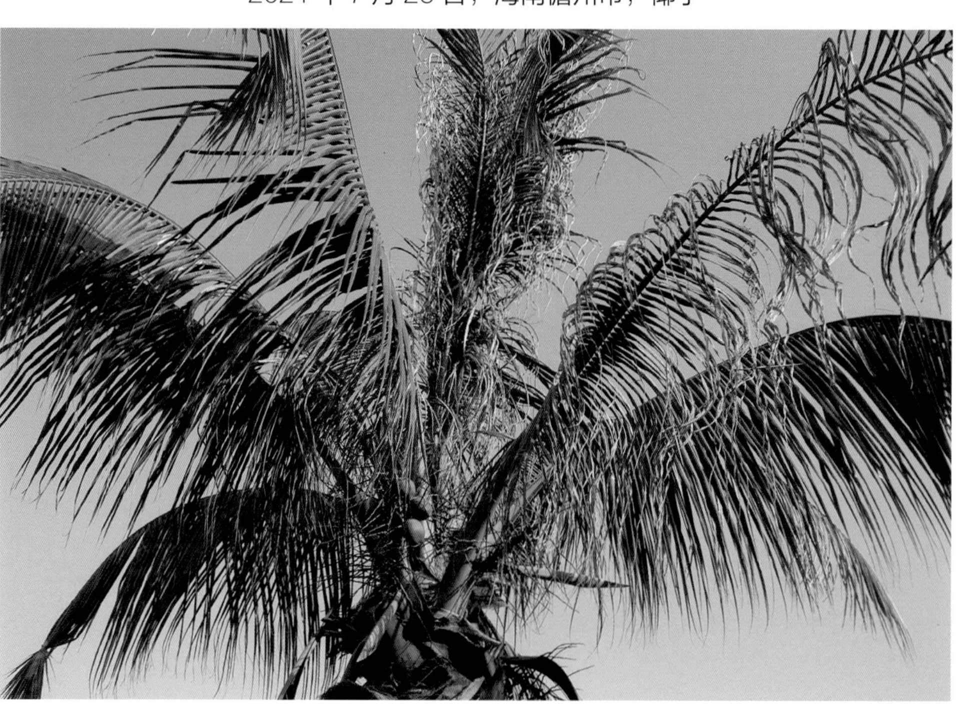

2005 年 1 月 10 日，海南三亚市，危害状

57. 角胸叶甲属 *Basilepta* sp.

2019 年 6 月 9 日，北京朝阳区奥森公园

2019 年 6 月 9 日，北京朝阳区奥森公园

58. 瘤叶甲 *Chlamisus* sp.

2016 年 9 月 28 日，美国奥兰多市

2016 年 9 月 28 日，美国奥兰多市

2016 年 9 月 28 日，美国奥兰多市

59. 中华罗摩叶甲 *Chrysochus chinensis* Baly

2021 年 6 月 26 日，北京朝阳区奥森公园

2021 年 6 月 26 日，北京朝阳区奥森公园

2016 年 8 月 12 日，吉林省吉林市

2016 年 8 月 12 日，吉林省吉林市

2021 年 6 月 22 日，辽宁阜新市

2013 年 8 月 8 日，内蒙古锡林郭勒盟

60. 萝藦肖叶甲 *Chrysochus pulcher* (Baly)

2020 年 6 月 25 日，北京密云区，萝藦

2020 年 6 月 25 日，北京密云区，萝藦

2020 年 6 月 25 日，北京密云区，萝藦

2018 年 5 月 29 日，天津宝坻

61. 菜无缘叶甲 *Colaphellus bowringii* Baly

2014 年 4 月 20 日，北京海淀区上庄

2014 年 4 月 20 日，北京海淀区上庄

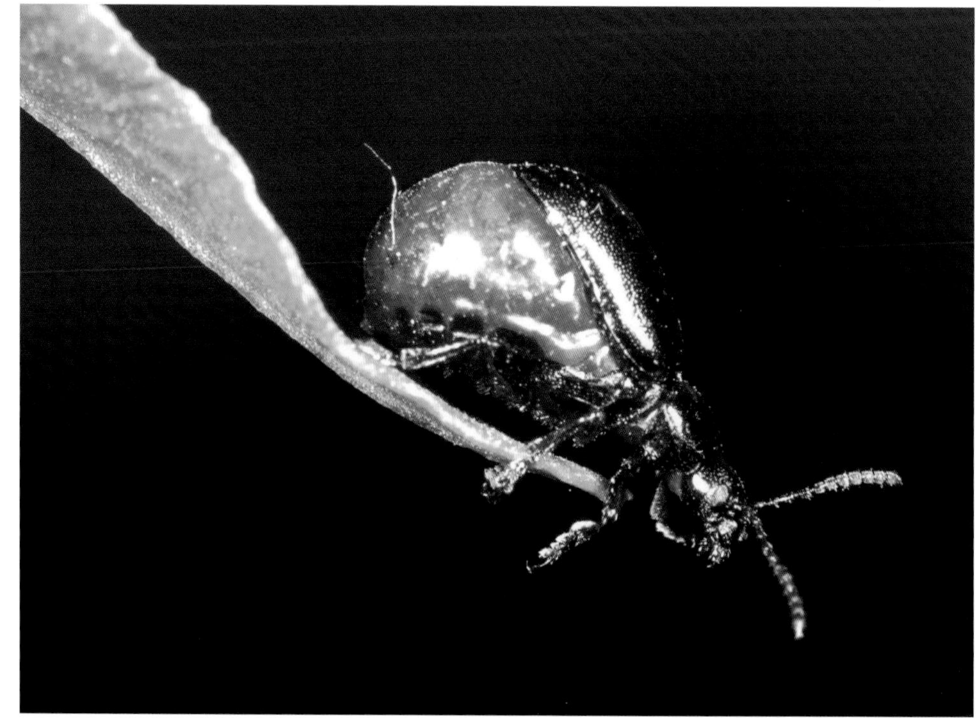

2014 年 4 月 20 日，北京海淀区上庄

2014 年 4 月 20 日，北京海淀区上庄，卵

62. 甘薯肖叶甲 *Colasposoma dauricum* Mannerhein

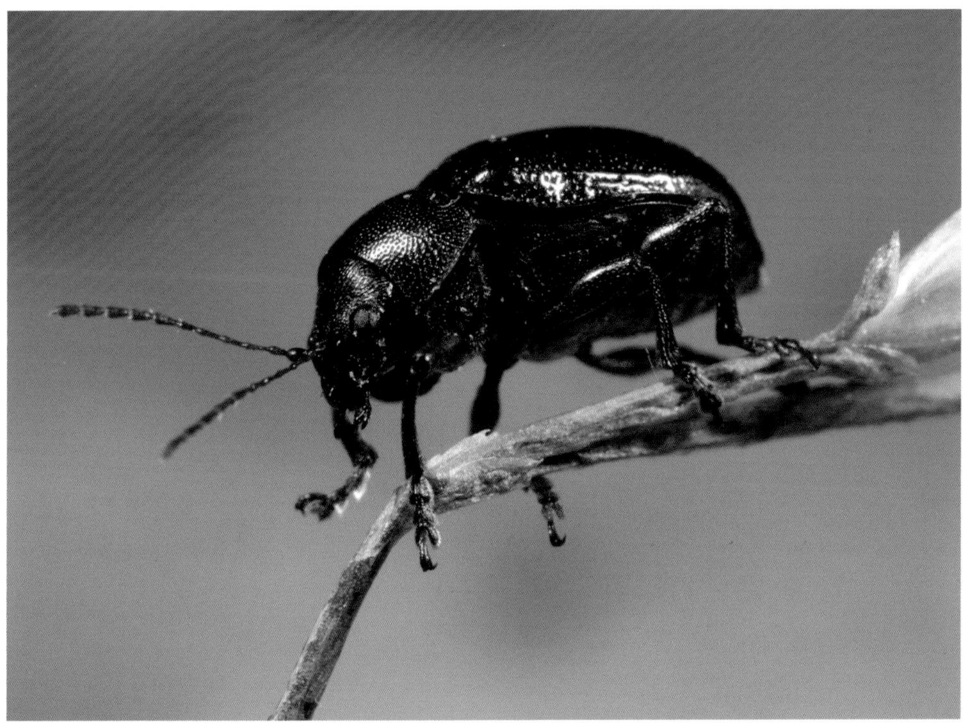

2022 年 7 月 13 日，内蒙古锡林浩特市

2022 年 7 月 13 日，内蒙古锡林浩特市

2022 年 7 月 13 日，内蒙古锡林浩特市

2022 年 7 月 13 日，内蒙古锡林浩特市

2022 年 7 月 13 日，内蒙古锡林浩特市

2022 年 7 月 13 日，内蒙古锡林浩特市

63. 尖腹隐头叶甲 *Cryptocephalus oxysternus* Jacobson

2020 年 6 月 20 日，北京怀柔区喇叭沟门，榆树

2020 年 6 月 20 日，北京怀柔区喇叭沟门，榆树

64. 隐头叶甲 *Cryptocephalus* sp.

2021 年 7 月 30 日，贵州兴义市

2021 年 7 月 30 日，贵州兴义市

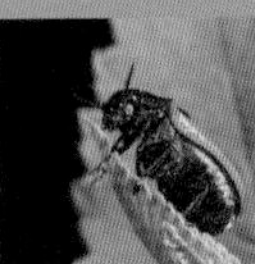

65. 二点钳叶甲 *Labidostomis bipunctata* (Mannerheim)

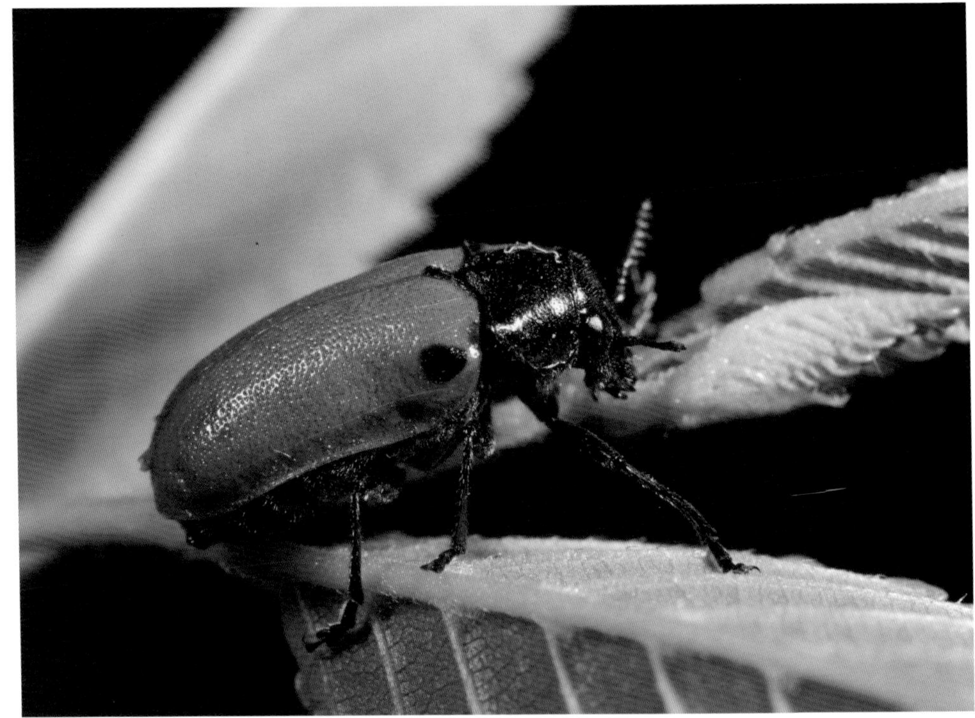

2020 年 6 月 13 日，北京怀柔区

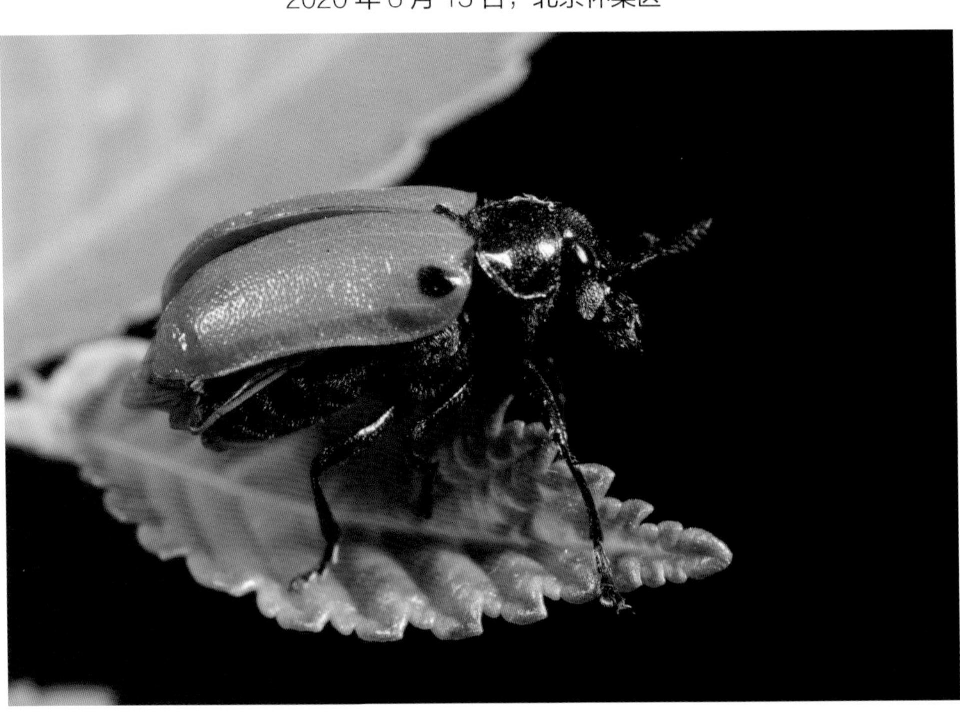

2020 年 6 月 13 日，北京怀柔区

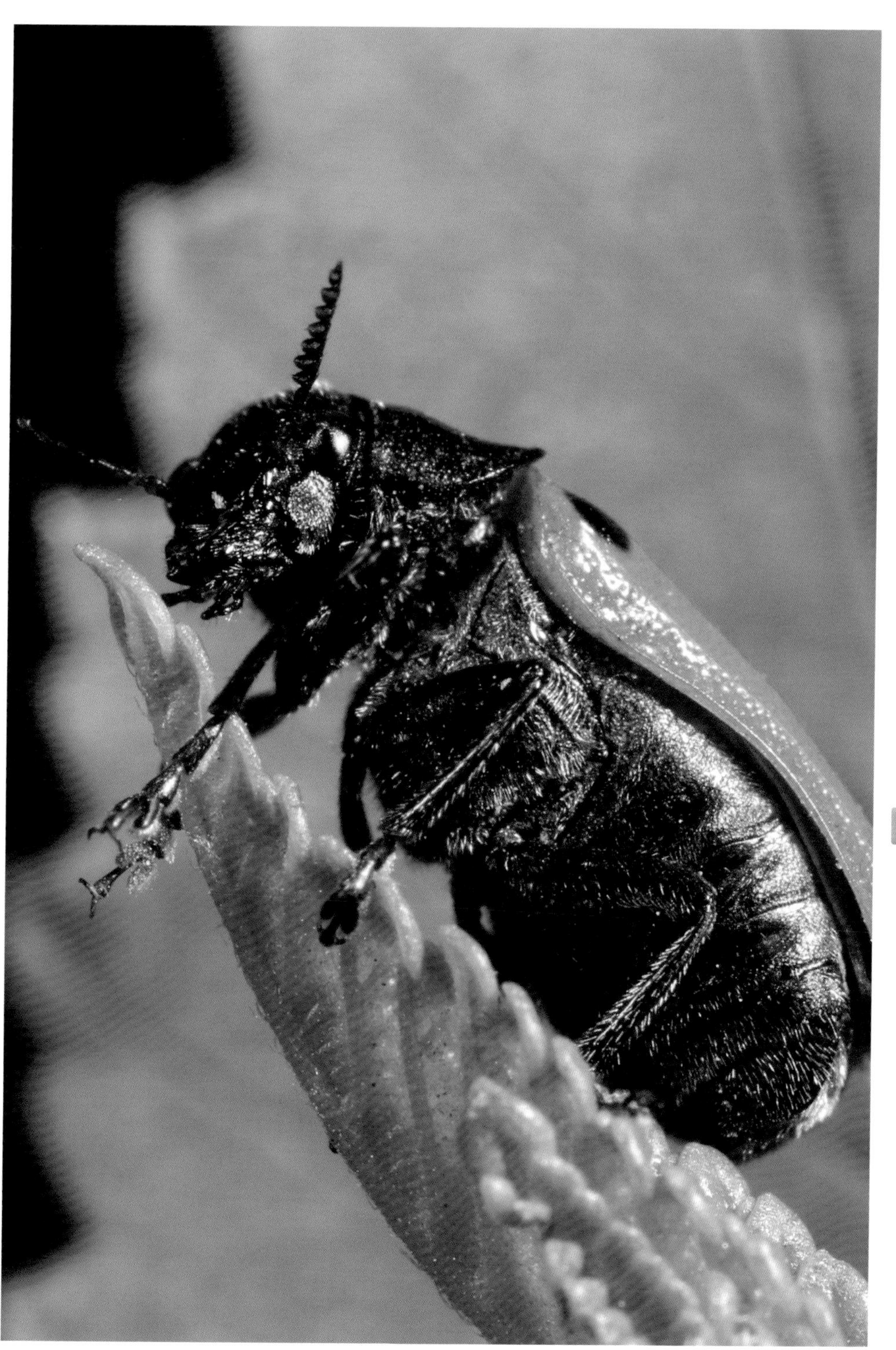

2020 年 6 月 13 日，北京怀柔区

66. 黑额光叶甲 *Physosmaragdina nigrifrons* (Hope)

2022 年 7 月 13 日，内蒙古锡林浩市

2022 年 7 月 13 日，内蒙古锡林浩市

2022 年 7 月 13 日，内蒙古锡林浩特市

2022 年 7 月 13 日，内蒙古锡林浩特市

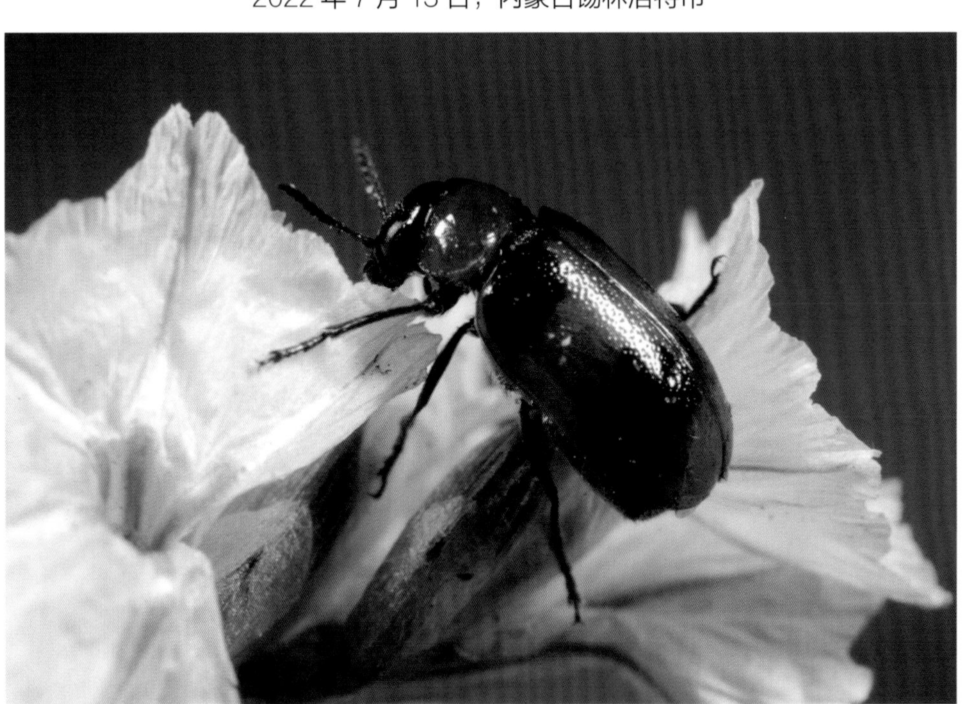

2022 年 7 月 13 日，内蒙古锡林浩特市

2013 年 9 月 8 日，北京海淀区温泉

2020 年 7 月 26 日，江苏句容市

2020 年 7 月 26 日，江苏句容市

2020 年 7 月 26 日，江苏句容市

2020 年 7 月 26 日，江苏句容市

2018 年 6 月 15 日，浙江宁波市

2018 年 6 月 15 日，浙江宁波市，危害状

2018 年 6 月 15 日，浙江宁波市，危害状

2018 年 6 月 15 日，浙江宁波市，危害状

2018 年 6 月 15 日，浙江宁波市，危害状

67. 紫榆叶甲 *Ambrostoma superbum* (Thunberg)

2016 年 8 月 12 日，吉林吉林市，榆树

2014 年 7 月 26 日，内蒙古鄂温克旗，榆树

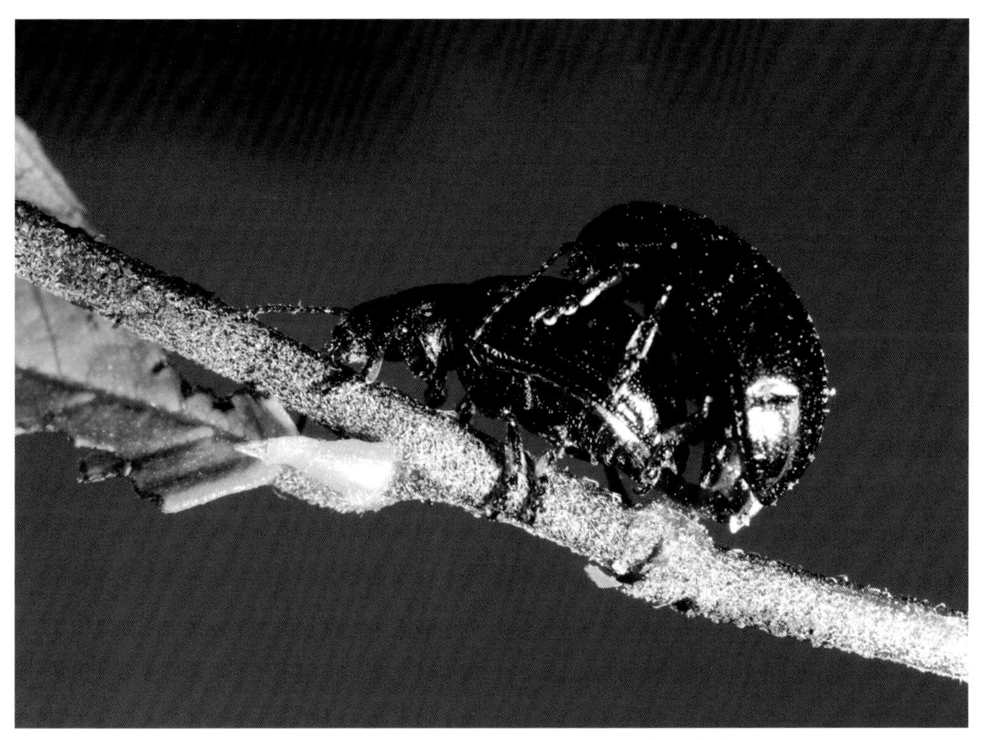

2014 年 7 月 26 日，内蒙古鄂温克旗，榆树

2014 年 7 月 26 日，内蒙古鄂温克旗，榆树

2014 年 7 月 26 日，内蒙古鄂温克旗，榆树

2014 年 7 月 26 日，内蒙古鄂温克旗，榆树

68. 薄荷金叶甲 *Chrysolina* (Lithopteroides) *exanthematica* (Wiedemann)

2022 年 6 月 5 日，北京怀柔区

2022 年 6 月 5 日，北京怀柔区

2022 年 6 月 5 日，北京怀柔区

2022 年 6 月 5 日，北京怀柔区

69. 杨叶甲 *Chrysomela populi* Linnaeus

2022 年 6 月 4 日，北京密云区，杨树

2022 年 5 月 2 日，北京密云区，杨树

2022 年 6 月 4 日，北京密云区，杨树

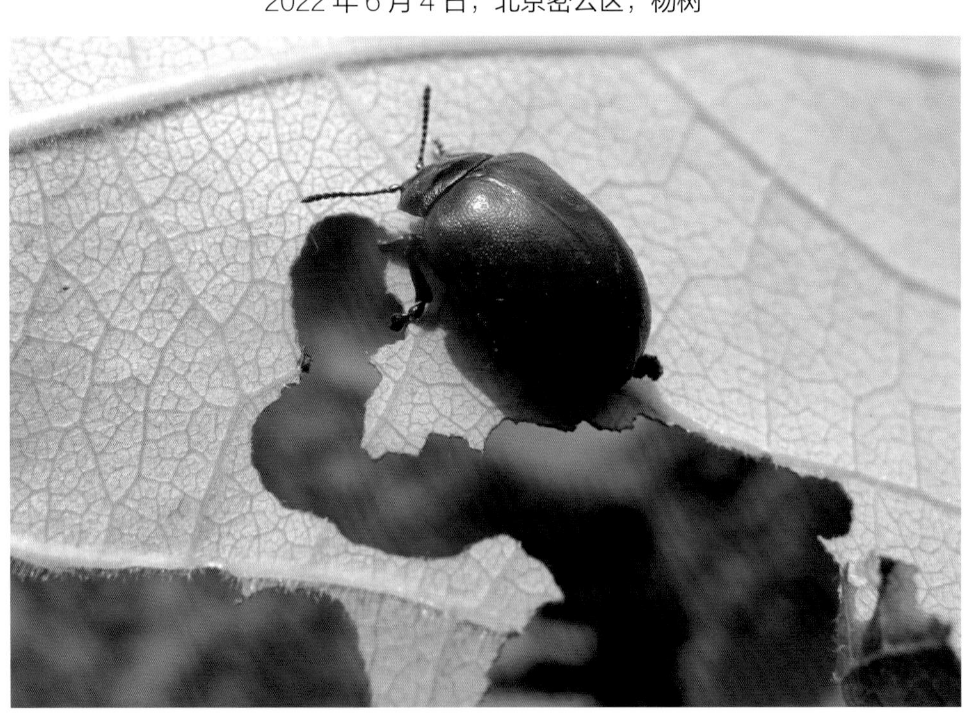

2009 年 6 月 21 日，北京门头沟区，杨树

2009 年 6 月 21 日，北京门头沟区，杨树

2022 年 6 月 19 日，北京怀柔区，杨树

2015 年 6 月 16 日，吉林长白山，杨树

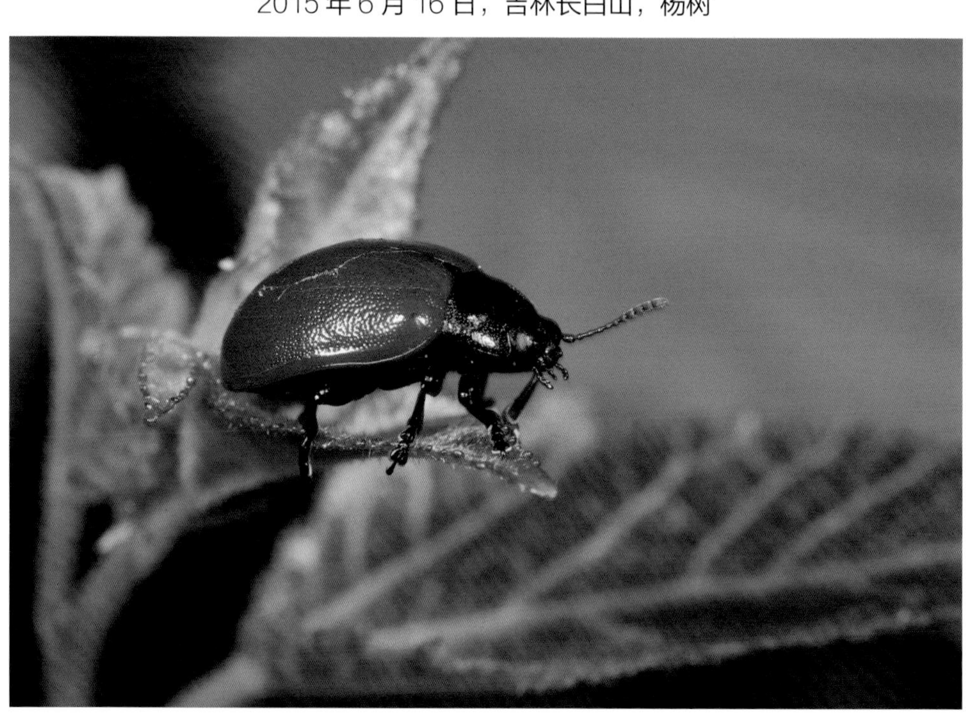

2015 年 6 月 19 日，吉林长白山，杨树

2022 年 7 月 13 日，内蒙古锡林浩特市，杨树

2022 年 7 月 13 日，内蒙古锡林浩特市，杨树

2020 年 6 月 10 日，四川金川县

2018 年 7 月 21 日，西藏墨竹工卡县

70. 榆隐头叶甲 *Cryptocephalus lemniscatus* Suffrian

2021 年 6 月 17 日，内蒙古锡林浩特市

2021 年 6 月 17 日，内蒙古锡林浩特市

2021 年 6 月 17 日，内蒙古锡林浩特市

2021 年 6 月 17 日，内蒙古锡林浩特市

2021 年 6 月 17 日，内蒙古锡林浩特市

2021 年 6 月 17 日，内蒙古锡林浩特市

2021 年 6 月 18 日，内蒙古锡林浩特市

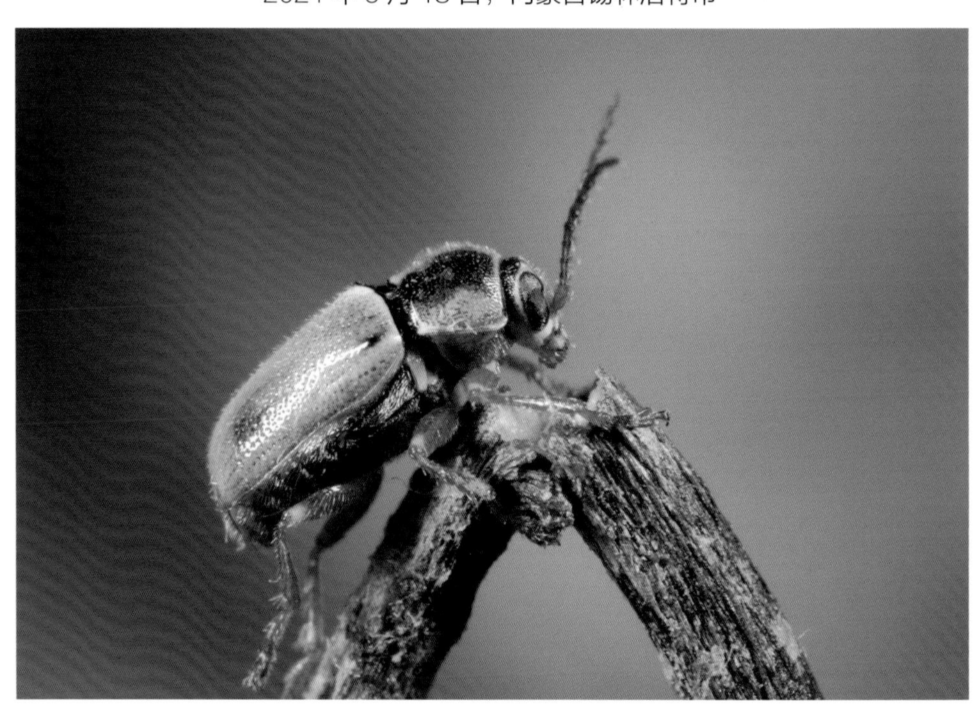

2021 年 6 月 18 日，内蒙古锡林浩特市

71. 黑纹隐头叶甲 *Cryptocephalus limbellus* Suffrian

2022 年 7 月 13 日，内蒙古锡林浩特市

2022 年 7 月 13 日，内蒙古锡林浩特市

2022 年 7 月 13 日，内蒙古锡林浩特市

2022 年 7 月 13 日，内蒙古锡林浩特市

72. 齿腹隐头叶甲 *Cryptocephalus stchukini* Faldermann

2021 年 6 月 18 日，内蒙古锡林浩特市

2021 年 6 月 18 日，内蒙古锡林浩特市

2021 年 6 月 18 日，内蒙古锡林浩特市

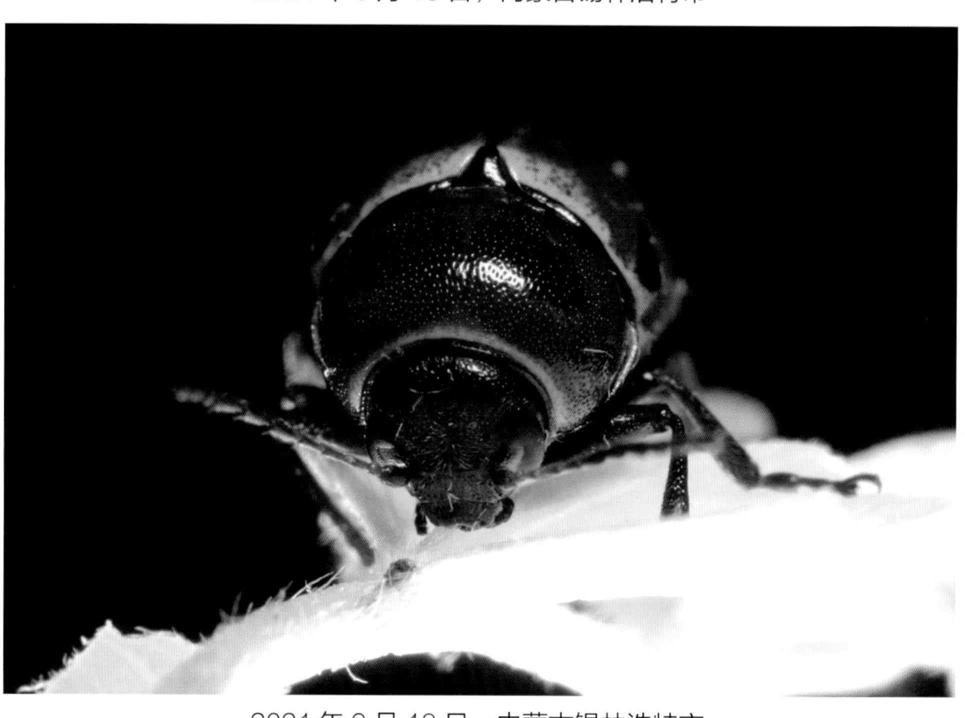

2021 年 6 月 18 日，内蒙古锡林浩特市

73. 东方油菜叶甲 *Entomoscelis orientalis* Motschulsky

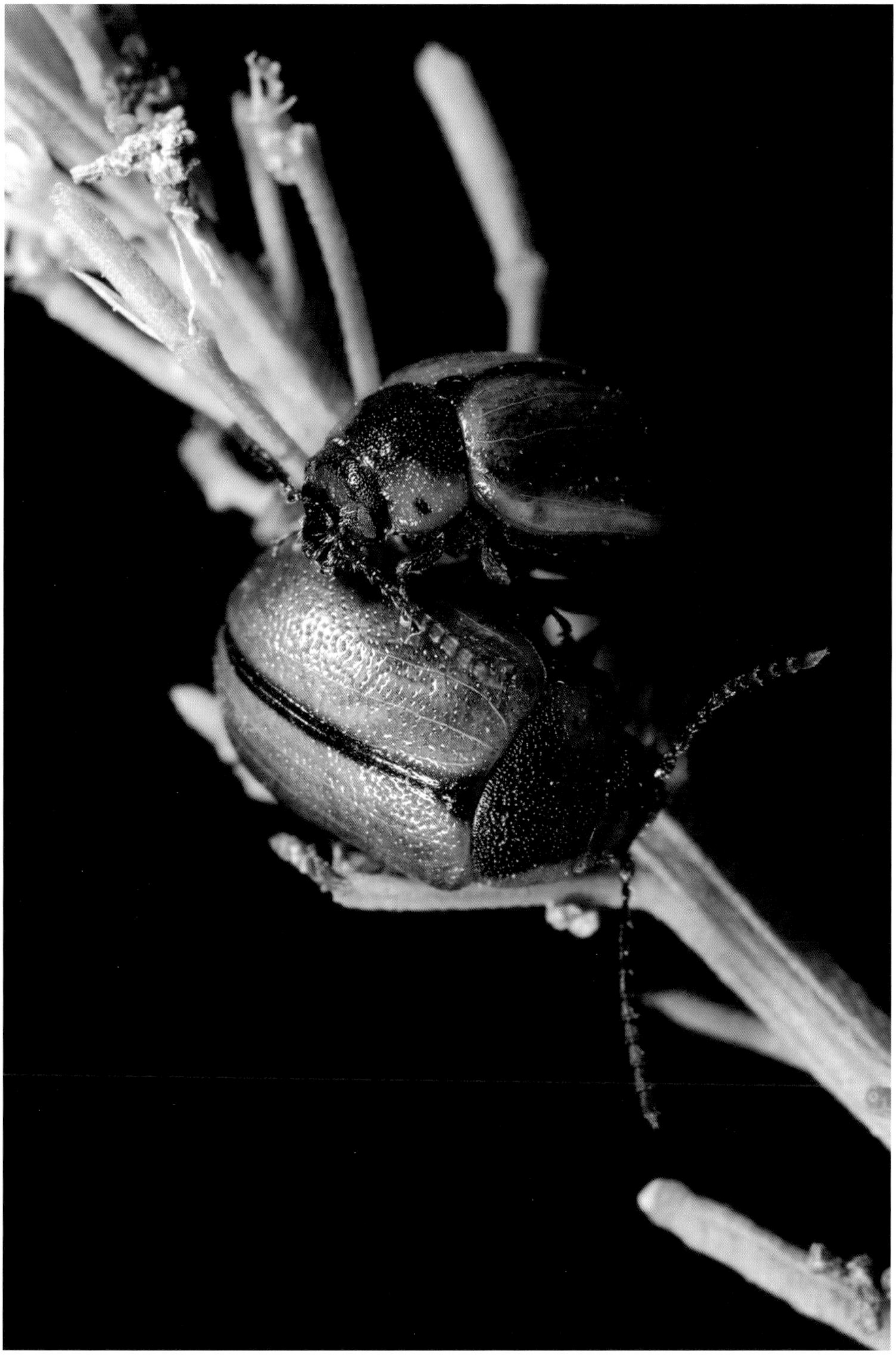

2022 年 5 月 2 日，北京密云区，小花糖芥

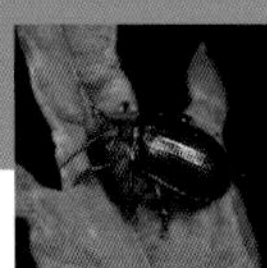

74. 赤杨扁叶甲 *Gastrolina peltoidea* (Gebler)

2015 年 6 月 17 日，吉林长白山

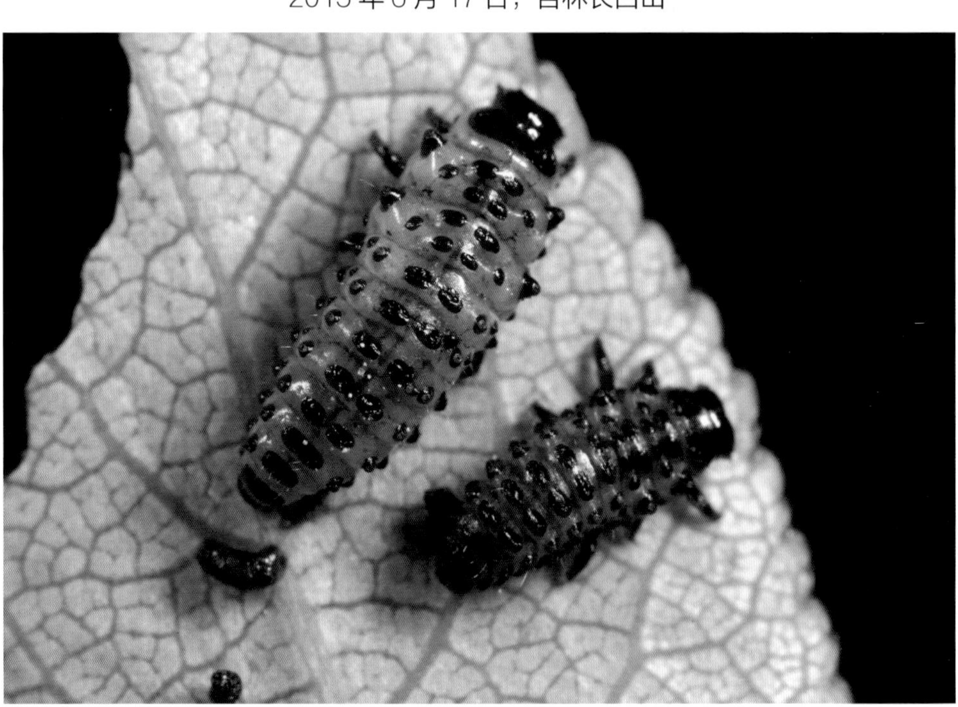

2015 年 6 月 16 日，吉林长白山，幼虫

75. 蓼蓝齿胫叶甲 *Gastrophysa atrocyanea* Motschulsky

2020 年 8 月 22 日，甘肃岷县，大黄

2020 年 8 月 22 日，甘肃岷县，大黄

2020 年 8 月 22 日，甘肃岷县，大黄

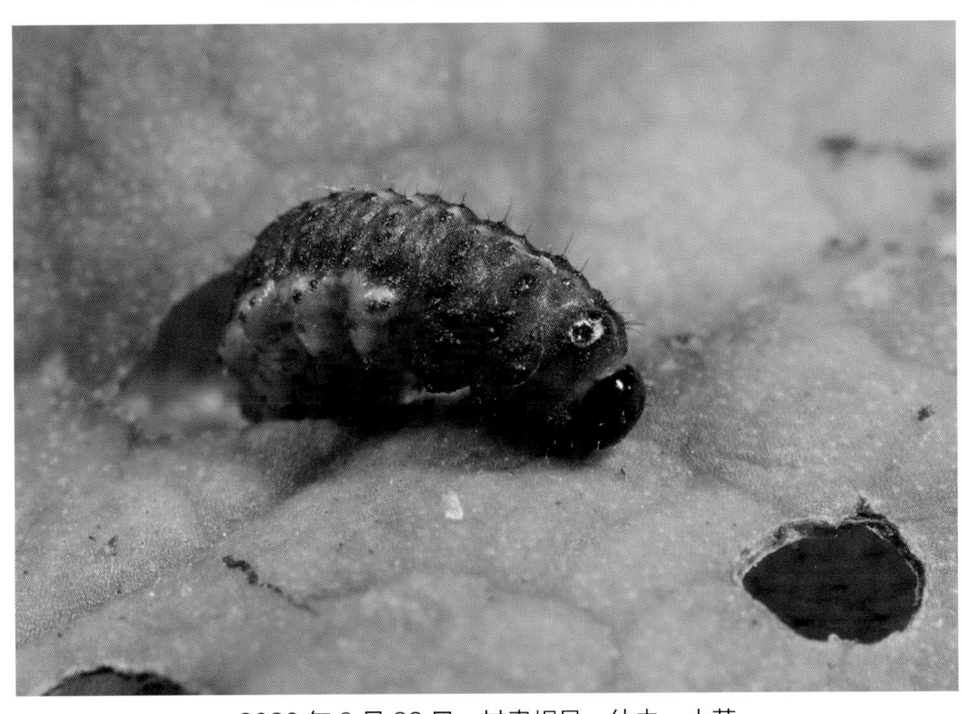

2020 年 8 月 22 日，甘肃岷县，幼虫，大黄

2020 年 8 月 22 日，甘肃岷县，幼虫，大黄

2021 年 6 月 18 日，内蒙古锡林浩特市

76. 黑缝齿胫叶甲 *Gastrophysa mannerheimi* (Stål)

2022 年 8 月 24 日，内蒙古锡林浩特市

2022 年 8 月 24 日，内蒙古锡林浩特市

2022 年 8 月 24 日，内蒙古锡林浩特市

2022 年 8 月 24 日，内蒙古锡林浩特市

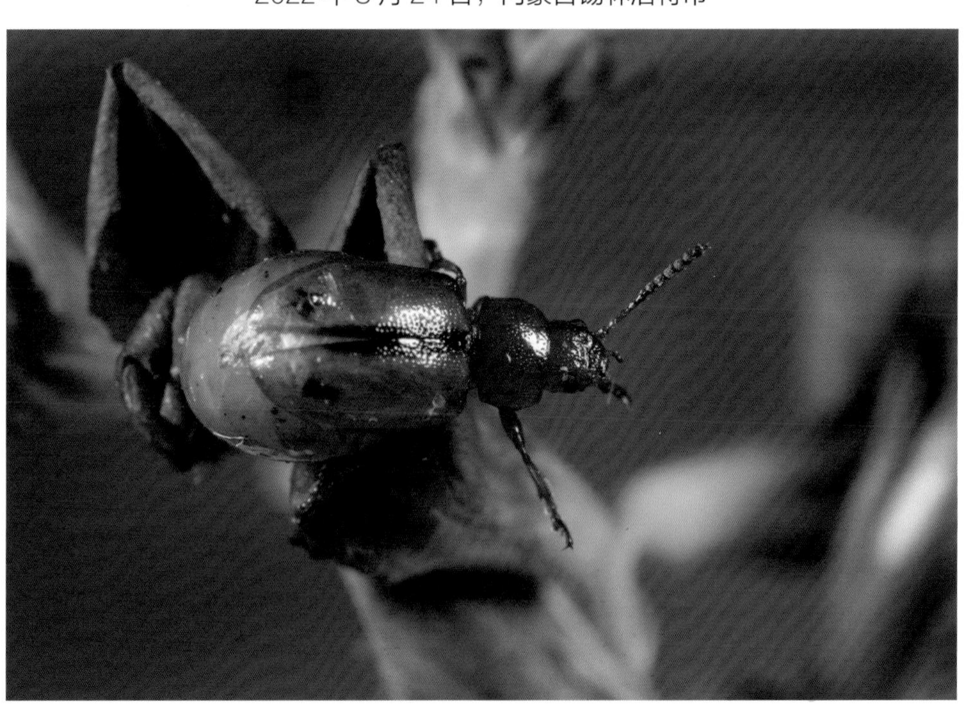

2022 年 8 月 24 日，内蒙古锡林浩特市

2022 年 8 月 24 日，内蒙古锡林浩特市

2022 年 8 月 24 日，内蒙古锡林浩特市

77. 扁蓄齿胫叶甲 *Gastrophysa polygoni* (Linnaeus)

2022 年 8 月 10 日，内蒙古锡林浩特市

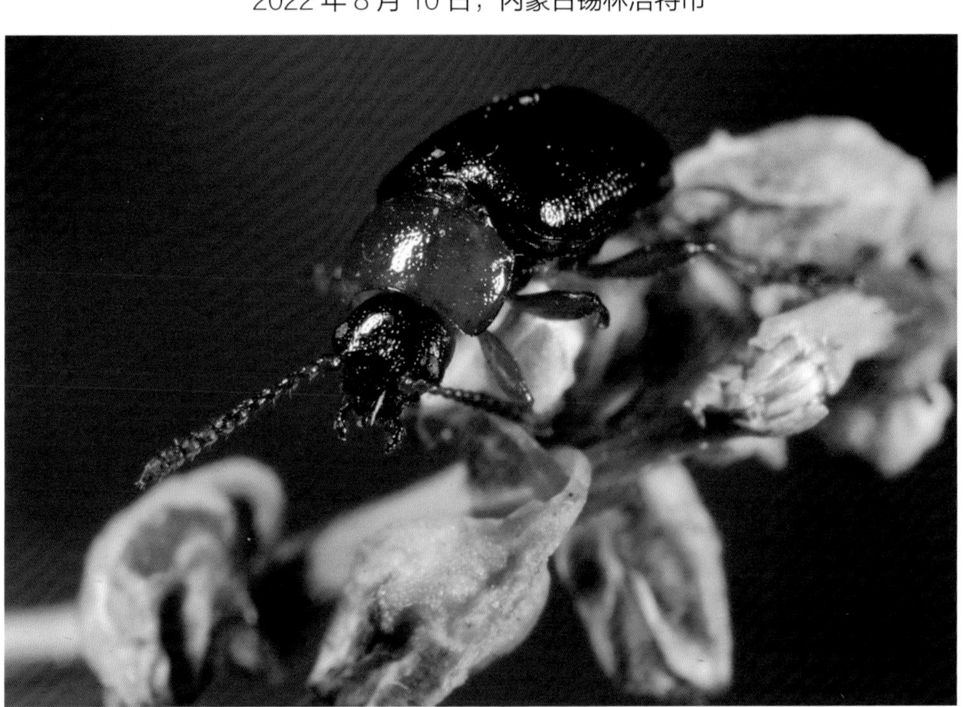

2022 年 8 月 10 日，内蒙古锡林浩特市

2022 年 8 月 9 日，内蒙古锡林浩特市

2022 年 8 月 24 日，内蒙古锡林浩特市

2022 年 8 月 9 日，内蒙古锡林浩特市

2022 年 8 月 24 日，内蒙古锡林浩特市

2022 年 8 月 9 日，内蒙古锡林浩特市

2022 年 8 月 9 日，内蒙古锡林浩特市

2022 年 8 月 9 日，内蒙古锡林浩特市

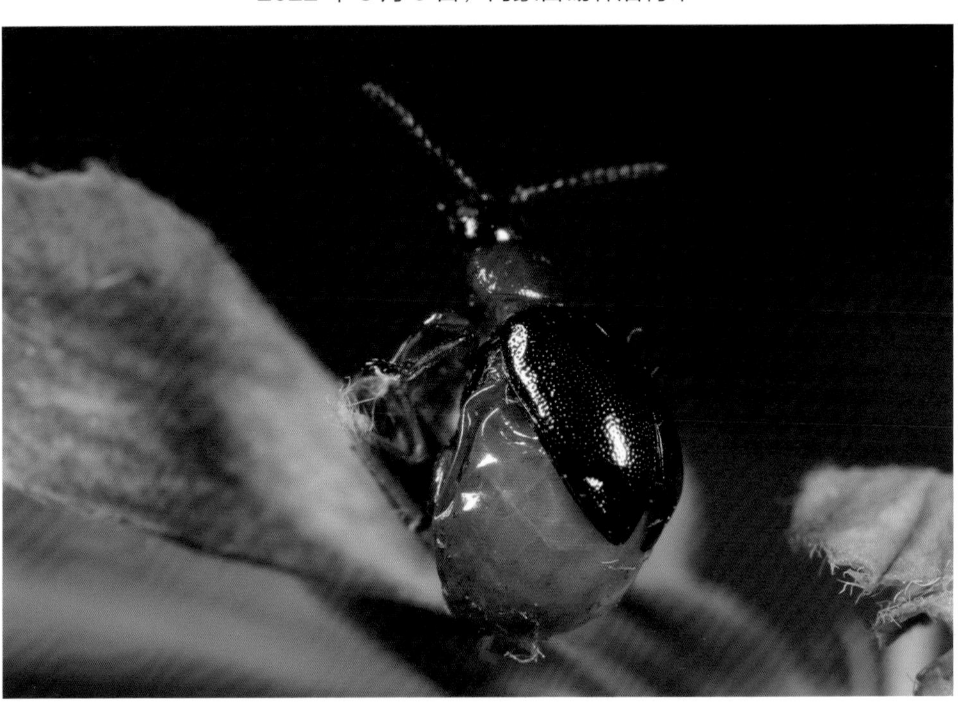

2022 年 8 月 9 日，内蒙古锡林浩特市

78. 马铃薯甲虫 *Leptinotarsa decemlineata* (Say)

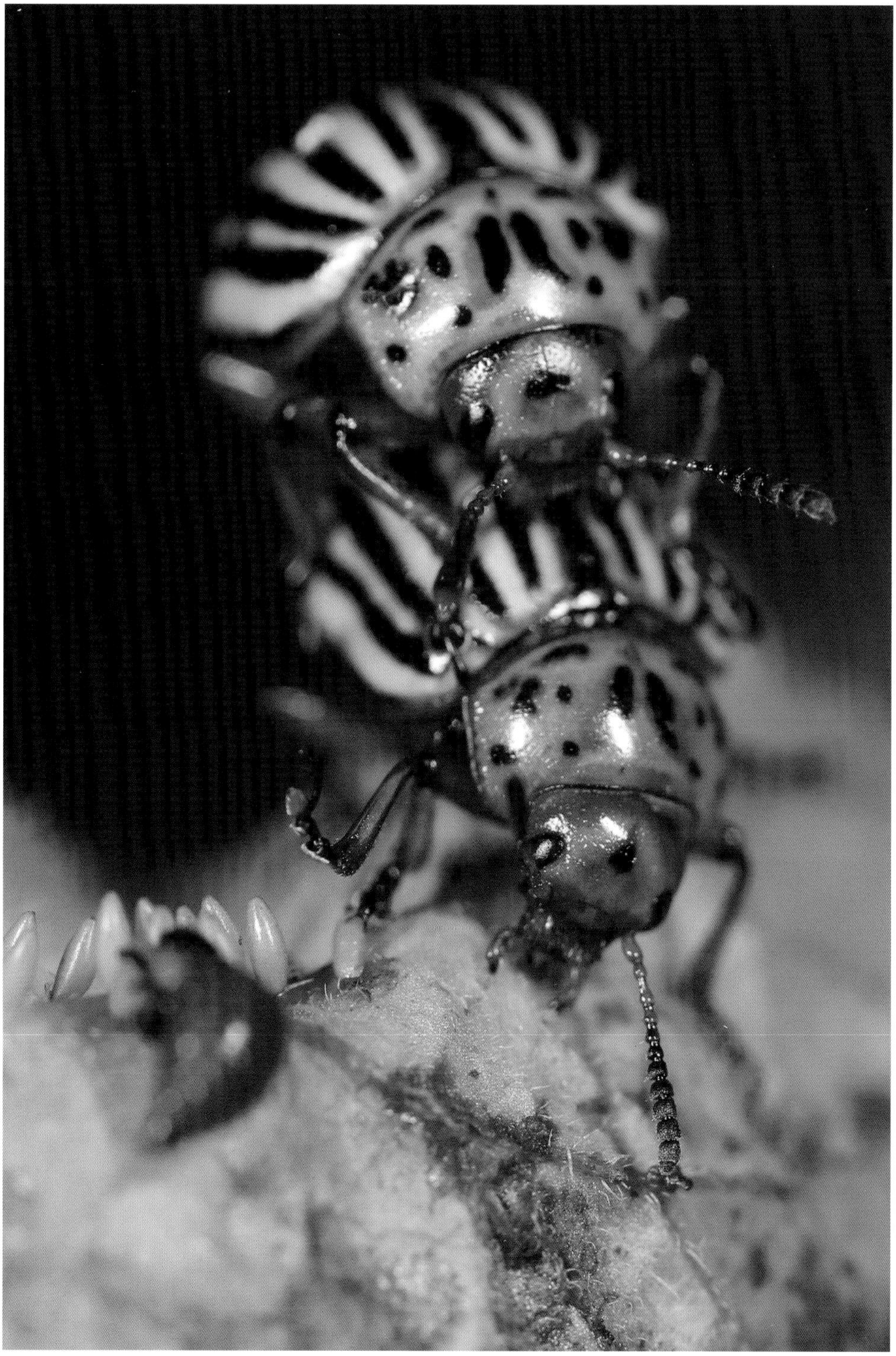

2016 年 6 月 20 日，黑龙江宝清县

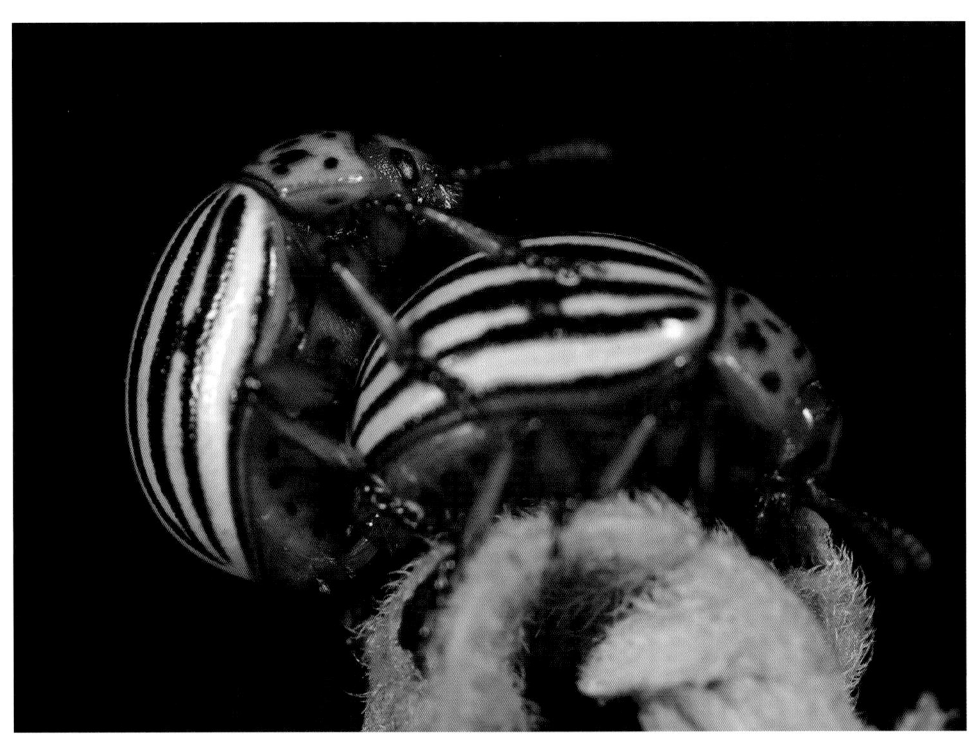

2016 年 6 月 20 日，黑龙江宝清县

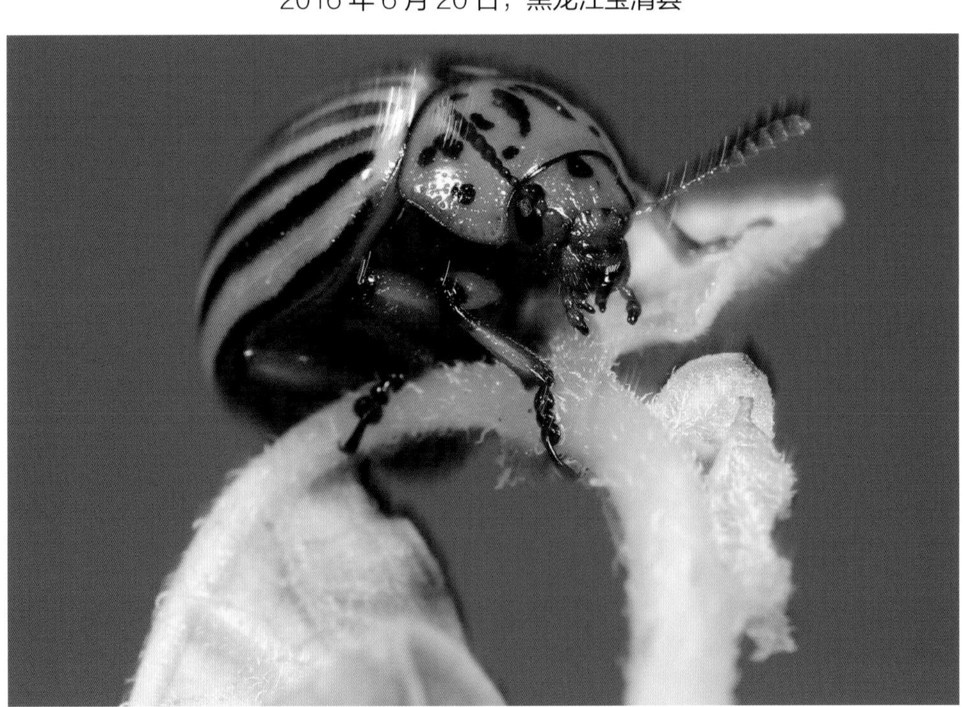

2016 年 7 月 27 日，新疆霍城县

2005 年 6 月 10 日，新疆伊宁市

2018 年 6 月 18 日，吉尔吉斯斯坦比什凯克，茄子

2019 年 7 月 26 日，乌兹别克斯坦吉萨尔，茄子

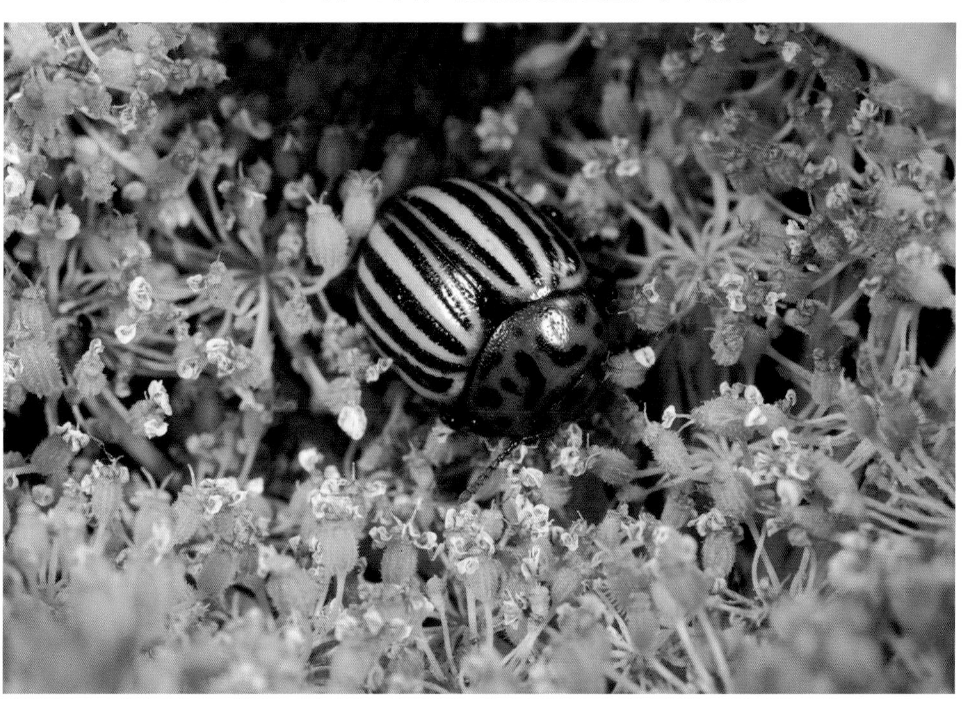

2019 年 7 月 29 日，乌兹别克斯坦撒马尔罕

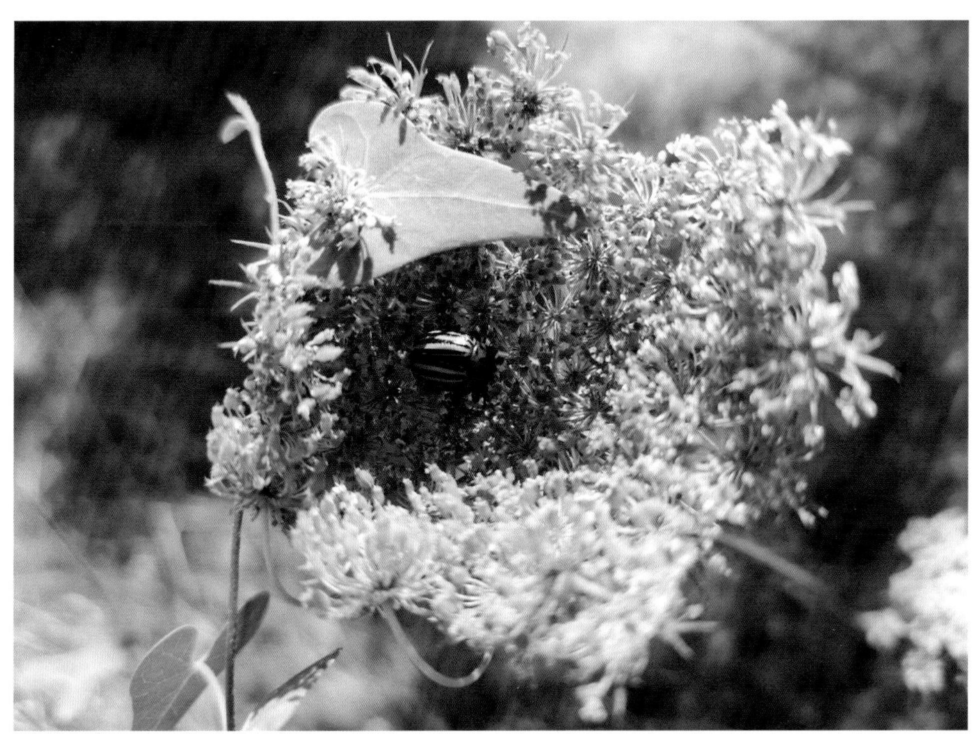

2019 年 7 月 29 日，乌兹别克斯坦撒马尔罕

2014 年 8 月 11 日，黑龙江虎林市

2016 年 7 月 27 日，新疆霍城县

2016 年 6 月 20 日，黑龙江宝清县，卵块

2016 年 6 月 20 日，黑龙江宝清县，卵块

2004 年 6 月 12 日，新疆伊宁市，卵块

2018 年 8 月 16 日，黑龙江饶河县，卵块

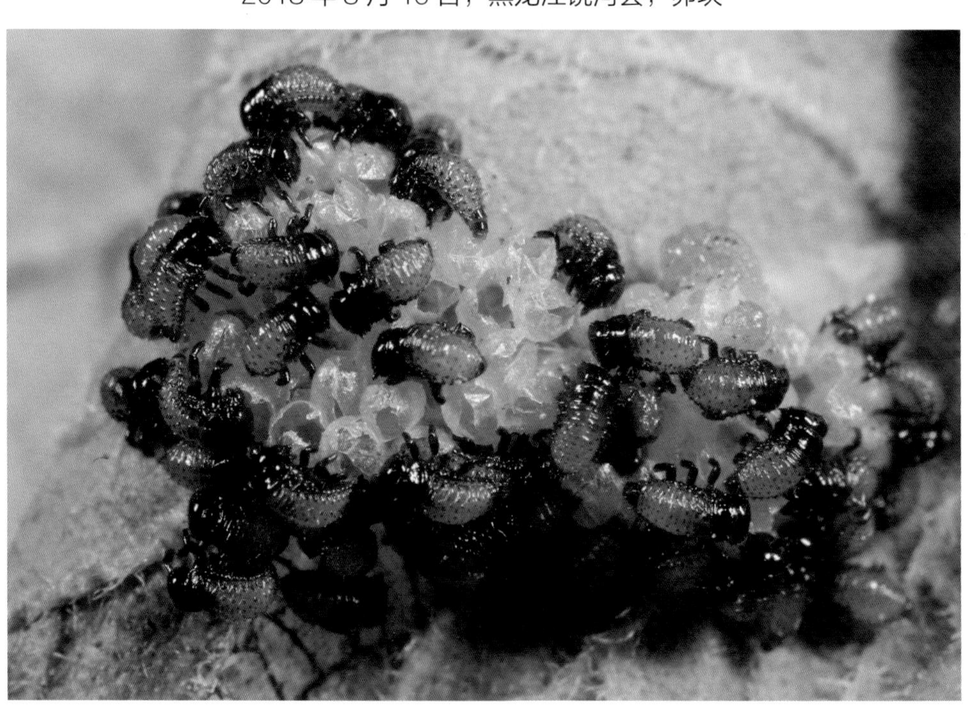

2018 年 8 月 16 日，黑龙江饶河县，初孵幼虫

2018 年 6 月 19 日，吉尔吉斯斯坦伊赛克湖，初孵幼虫

2018 年 6 月 19 日，吉尔吉斯斯坦伊赛克湖，初孵幼虫

2016 年 7 月 27 日，新疆霍城县，幼虫，马铃薯

2003 年 8 月 12 日，新疆乌鲁木齐市，幼虫，茄子

2016 年 6 月 20 日，黑龙江宝清县，幼虫，茄子

2016 年 6 月 20 日，黑龙江宝清县，幼虫，茄子

2018 年 8 月 16 日，黑龙江饶河市，幼虫，马铃薯

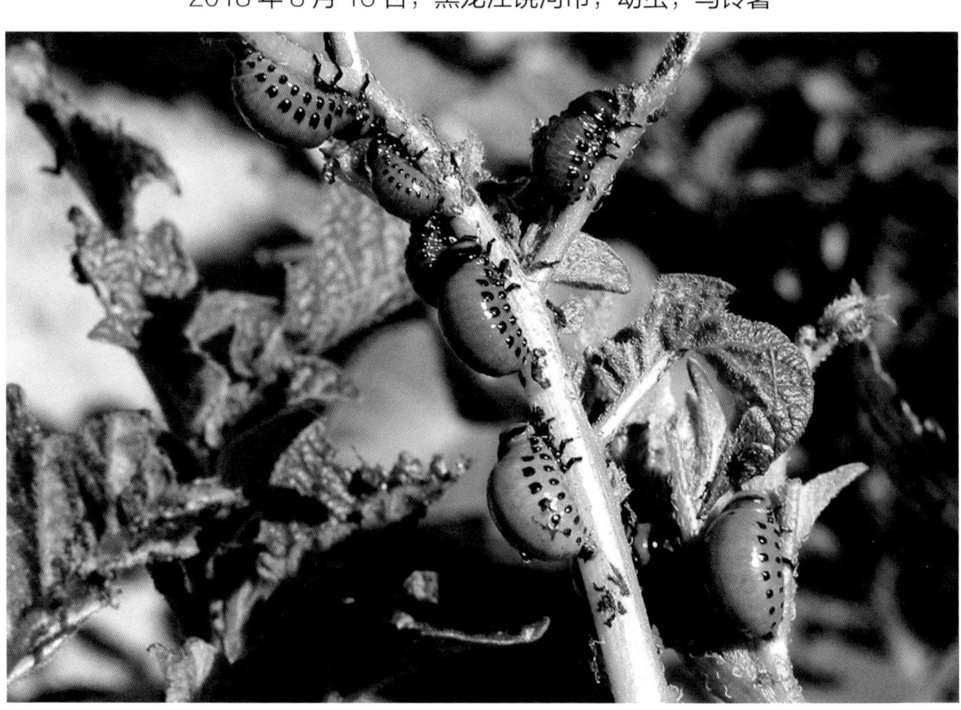

2004 年 6 月 12 日，新疆伊宁市，幼虫，马铃薯

2005 年 6 月 10 日，新疆伊宁市，幼虫，马铃薯

2005 年 6 月 10 日，新疆伊宁市，幼虫，马铃薯

2016 年 7 月 27 日，新疆霍城县，幼虫，马铃薯

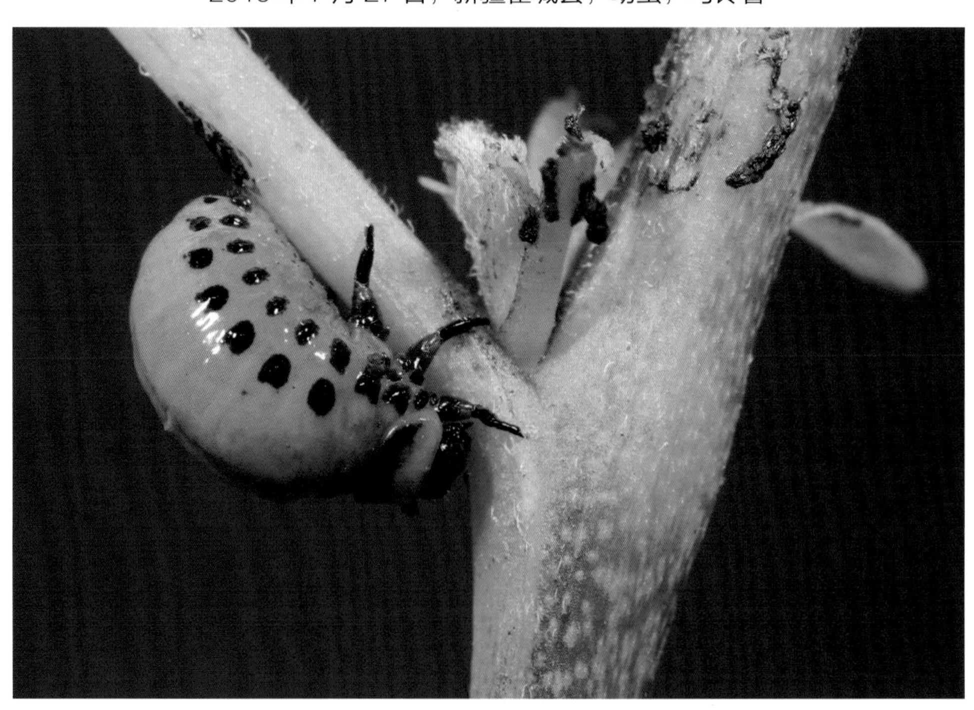

2016 年 7 月 27 日，新疆霍城县，幼虫，马铃薯

2016 年 7 月 27 日，新疆霍城县，幼虫，马铃薯

2004 年 6 月 12 日，新疆伊宁市，马铃薯被害状

2004 年 6 月 12 日，新疆伊宁市，马铃薯被害状

2005 年 6 月 10 日，新疆伊宁市，马铃薯被害状

2005 年 6 月 11 日，新疆伊宁市，马铃薯危害状

79. 柳弗叶甲 *Phratora vulgatissima* (Linnaeus)

2022 年 6 月 19 日，内蒙古锡林浩特市

2022 年 6 月 19 日，内蒙古锡林浩特市

2022 年 6 月 19 日，内蒙古锡林浩特市

2022 年 6 月 19 日，内蒙古锡林浩特市

80. 柳圆叶甲 *Plagiodera versicolora* (Laicharting)

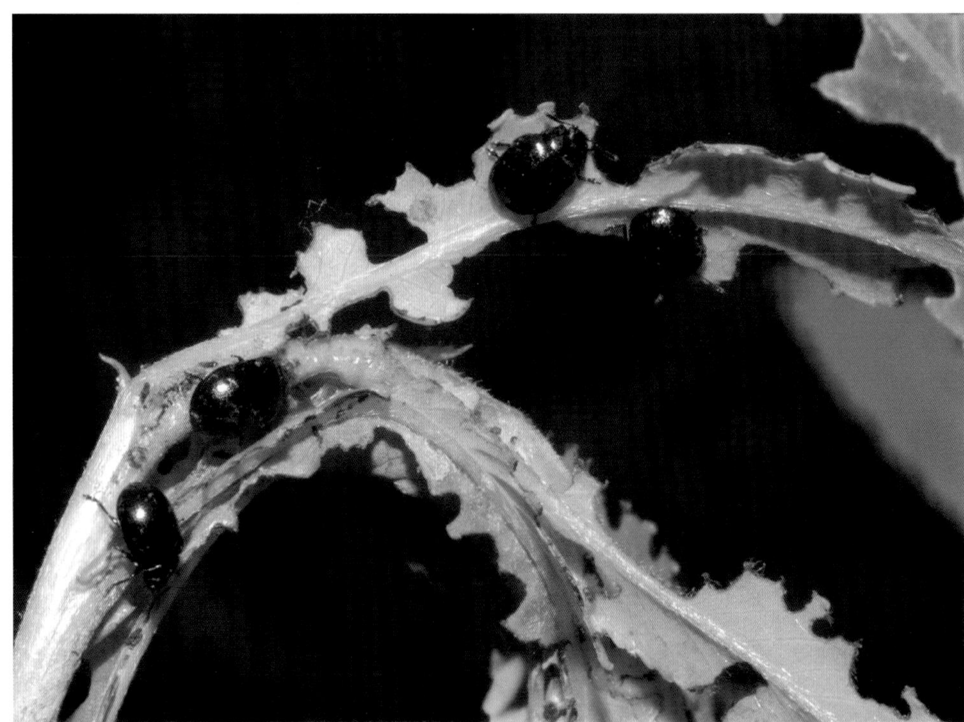

2006 年 5 月 21 日，北京海淀区

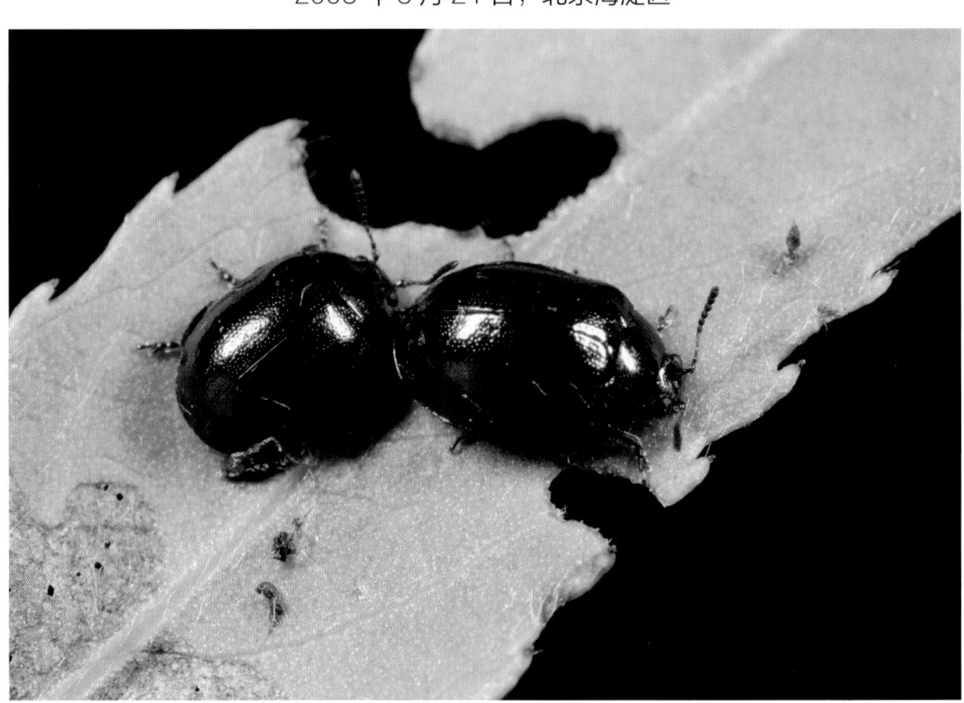

2022 年 8 月 13 日，北京怀柔区，柳树

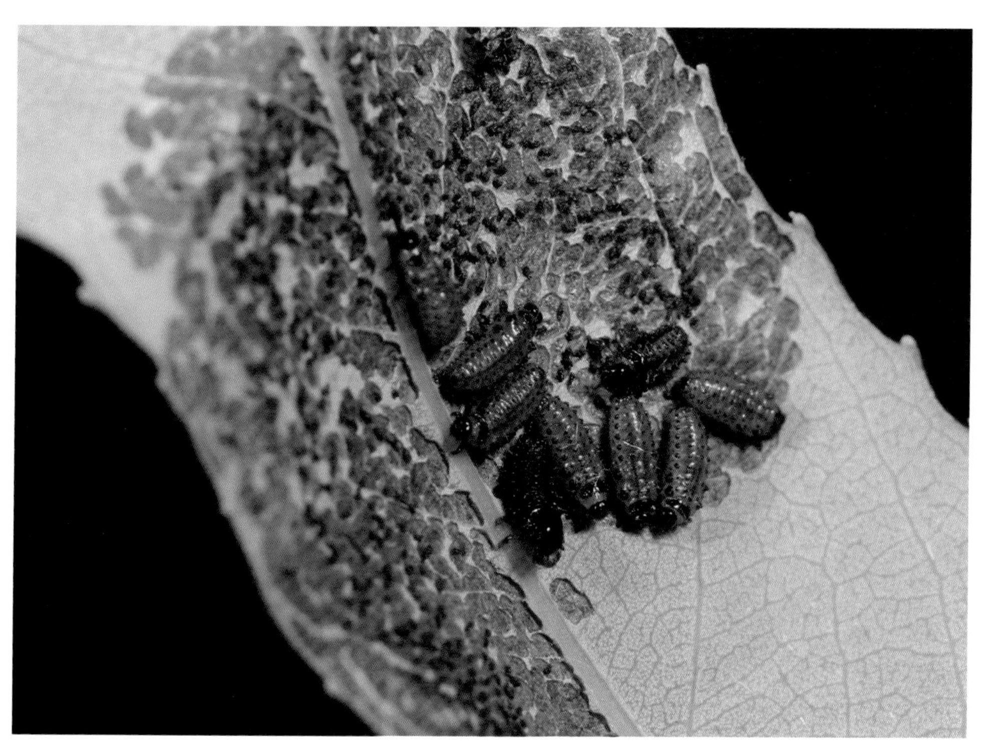

2019 年 6 月 1 日，北京海淀区香山，幼虫，柳树

2019 年 6 月 1 日，北京海淀区香山，幼虫，柳树

2022 年 8 月 13 日，北京怀柔区，幼虫，柳树

2022 年 8 月 13 日，北京怀柔区，幼虫，柳树

2005 年 6 月 4 日，北京延庆区野鸭湖，幼虫，柳树

2005 年 6 月 4 日，北京延庆区野鸭湖，幼虫，柳树

81. 绿缘扁角叶甲 *Platycorynus parryi* Baly

2021 年 5 月 21 日，湖南邵阳市金童山

2021 年 5 月 21 日，湖南邵阳市金童山

2021 年 5 月 21 日，湖南邵阳市金童山

2021 年 5 月 21 日，湖南邵阳市金童山

82. 印度黄守瓜 *Aulacophora indica* (Gmelin)

2018 年 9 月 14 日，贵州平塘县

2019 年 7 月 18 日，浙江仙居县

2019 年 7 月 18 日，浙江仙居县

2019 年 7 月 22 日，浙江仙居县，黄守瓜

2019 年 7 月 22 日，浙江仙居县，黄守瓜

2019 年 7 月 22 日，浙江仙居县，黄守瓜

83. 克萤叶甲 *Cneorane violaceipennis* Allard

2020 年 8 月 8 日，北京延庆区

2020 年 8 月 8 日，北京延庆区

2020 年 8 月 8 日，北京延庆区

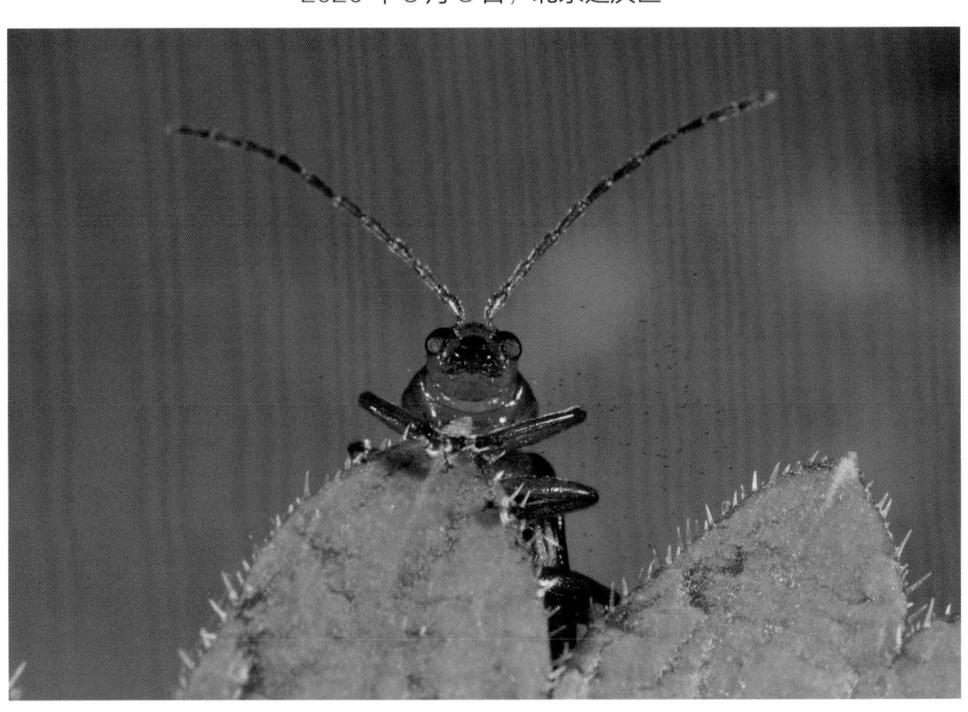

2020 年 8 月 8 日，北京延庆区

84. 丽柱萤叶甲　*Gallerucida gloriosa* (Baly)

2021 年 7 月 22 日，辽宁兴城市磨盘山

2021 年 7 月 22 日，辽宁兴城市磨盘山

85. 黄斑长跗萤叶甲 *Monolepta signata* (Oliver)

天牛科

叶甲科

负泥虫亚科

豆象亚科

龟甲亚科

铁甲亚科

肖叶甲亚科

叶甲亚科

萤叶甲亚科>

跳甲亚科

水叶甲亚科

2015 年 8 月 15 日，黑龙江牡丹江市

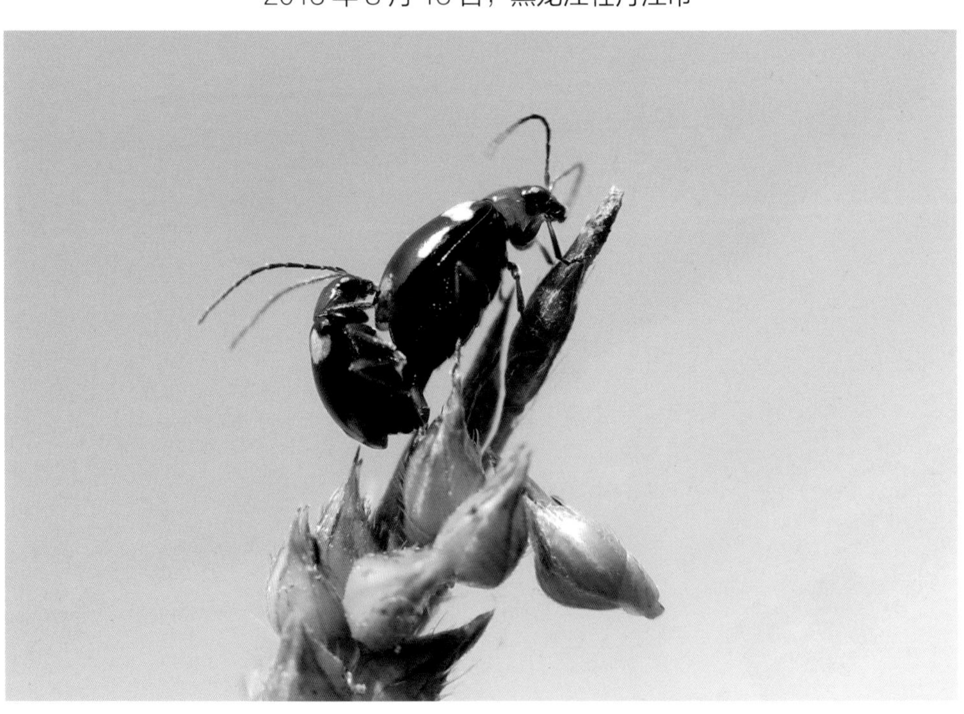

2015 年 8 月 15 日，黑龙江牡丹江市

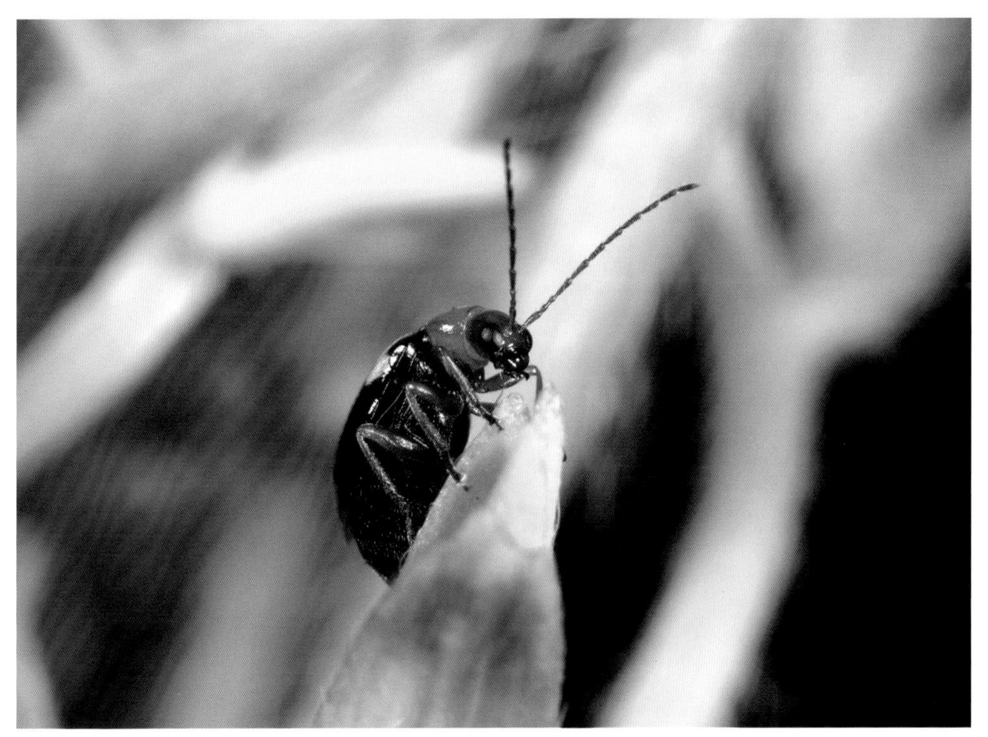

2015 年 8 月 16 日，黑龙江同江县

2015 年 8 月 16 日，黑龙江同江县

86. 十星瓢萤叶甲 *Oides decempunctata* (Billberg)

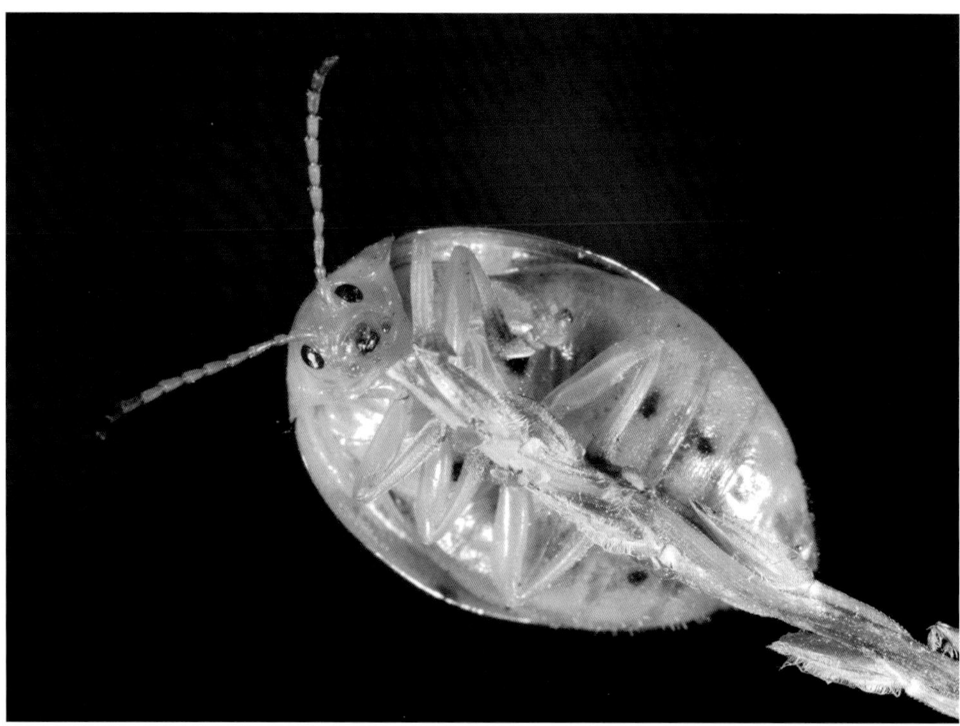

2013 年 10 月 20 日，北京房山区

2013 年 10 月 20 日，北京房山区

2013 年 10 月 20 日，北京房山区

2013 年 9 月 8 日，北京海淀区

2022 年 8 月 31 日，北京海淀区，爬山虎

2022 年 8 月 31 日，北京海淀区，爬山虎

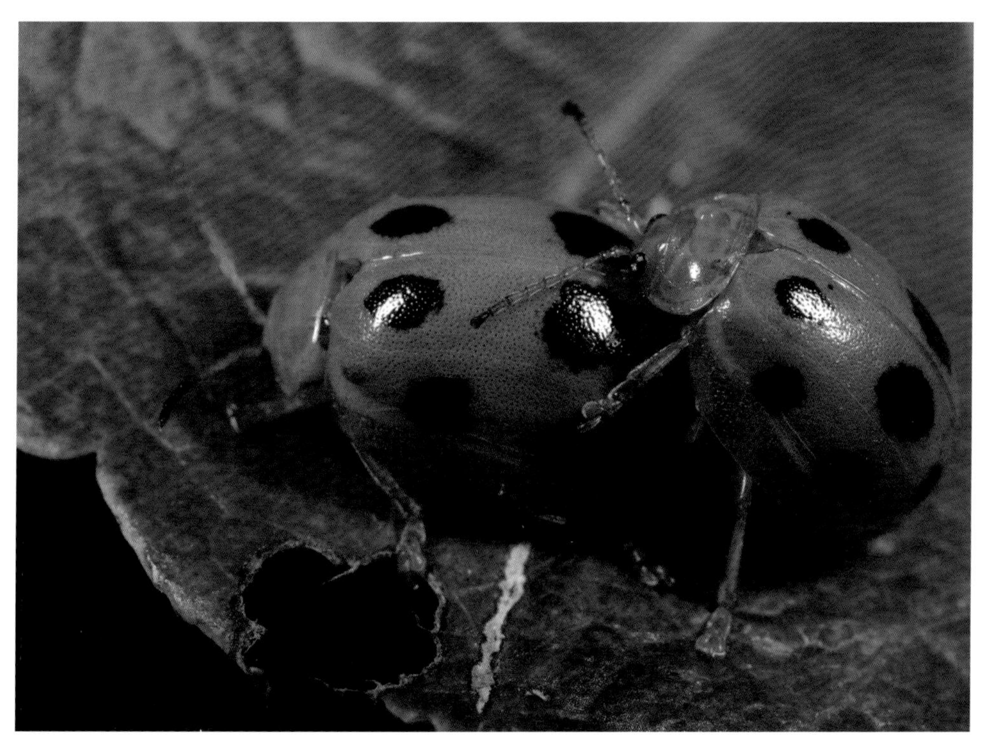

2022 年 8 月 31 日，北京海淀区，爬山虎

2020 年 8 月 22 日，北京昌平区

2014 年 9 月 14 日，北京顺义区北宅村

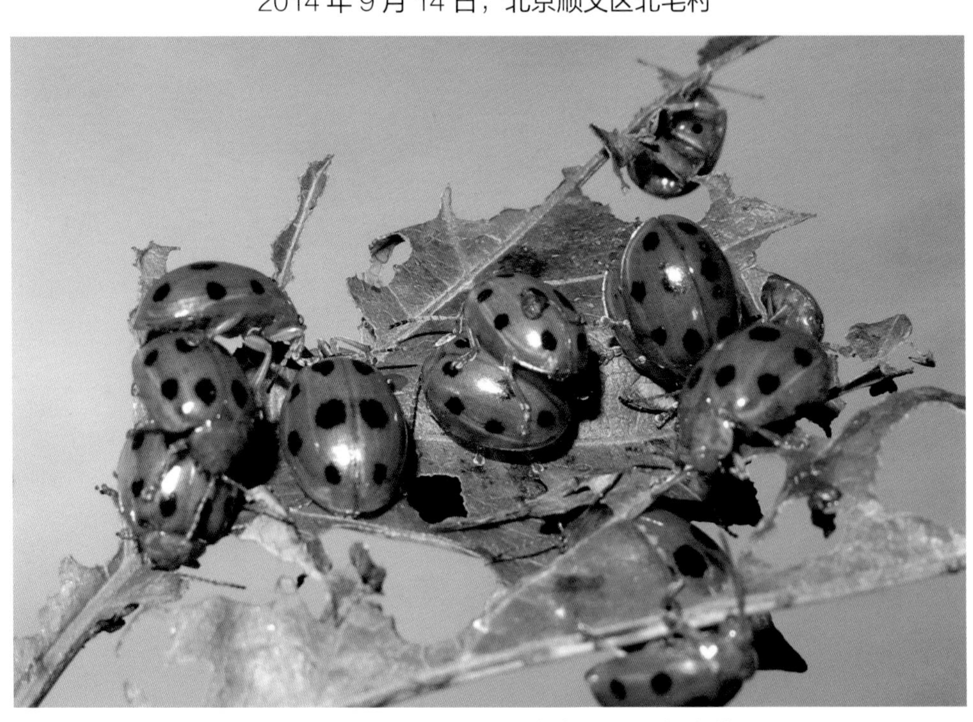

2013 年 10 月 20 日，北京房山区，危害状

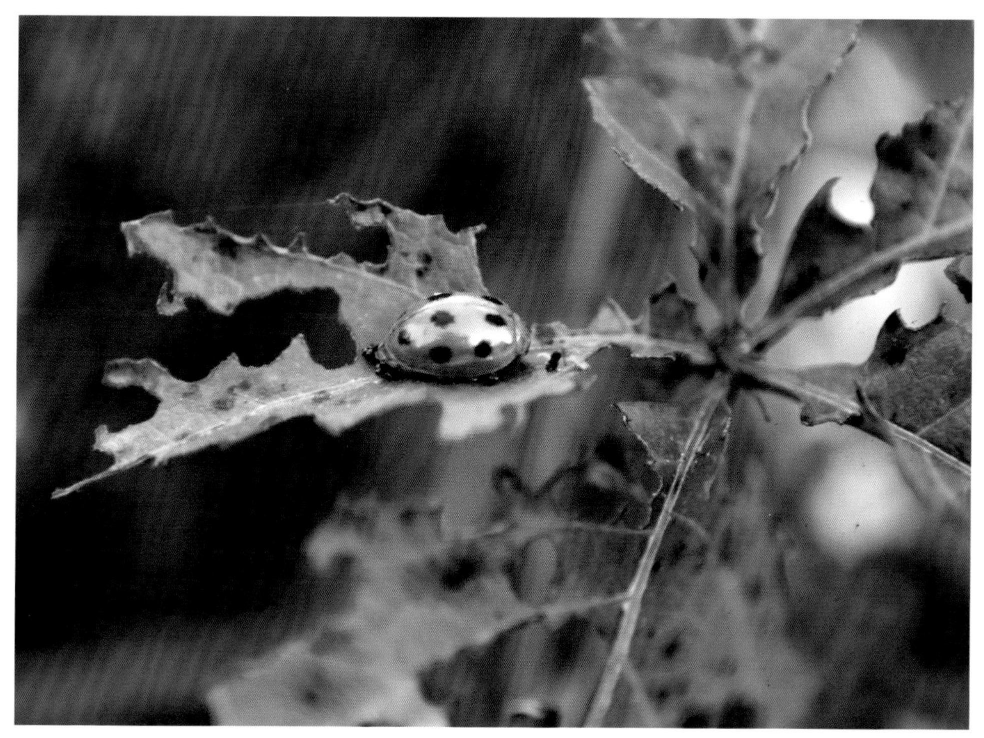

2013 年 10 月 20 日，北京房山区

2014 年 9 月 14 日，北京顺义区

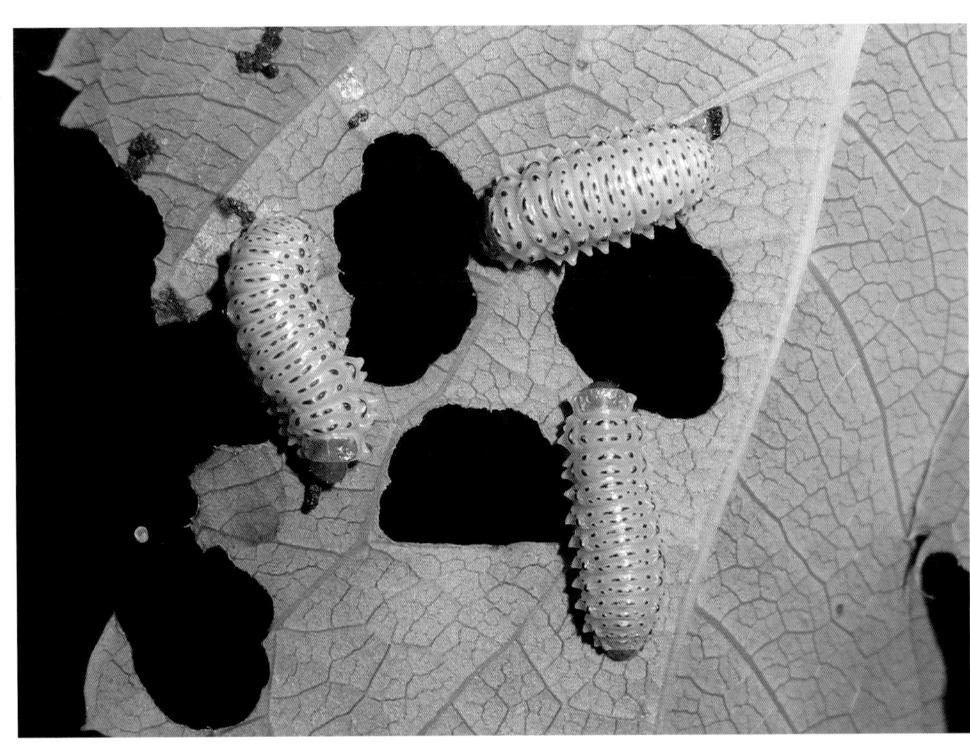

2016 年 6 月 26 日，北京朝阳区，幼虫，爬山虎

2016 年 6 月 26 日，北京朝阳区，幼虫，爬山虎

2016 年 6 月 26 日，北京朝阳区，幼虫，爬山虎

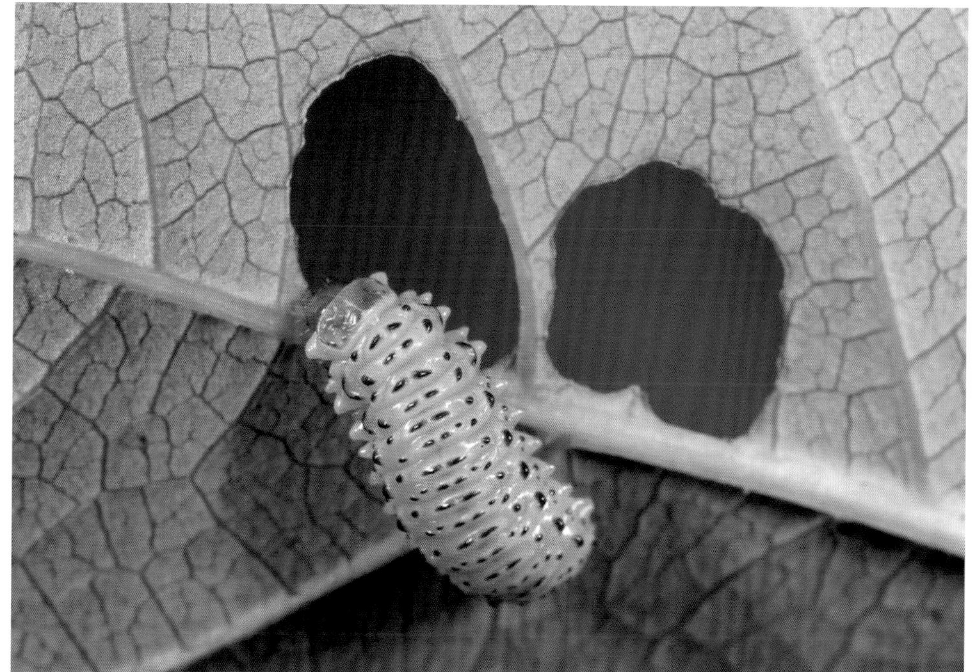

2016 年 6 月 26 日，北京朝阳区，幼虫，爬山虎

2016 年 6 月 26 日，北京朝阳区，幼虫，爬山虎

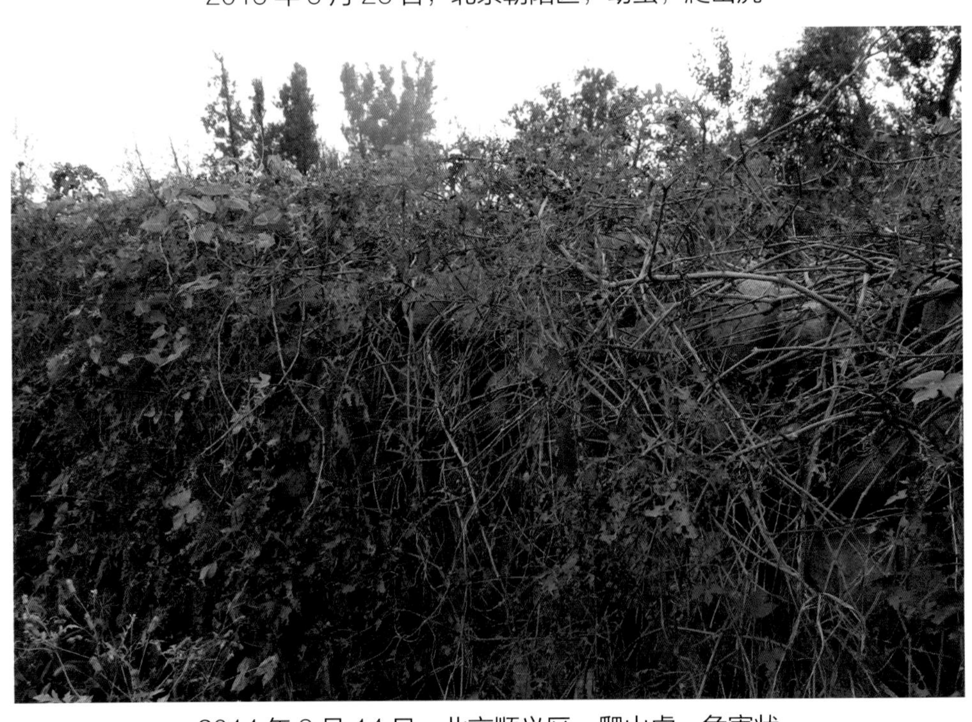

2014 年 9 月 14 日，北京顺义区，爬山虎，危害状

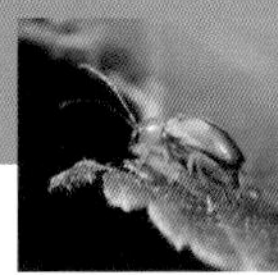

87. 核桃凹翅萤叶甲 *Paleosepharia posticata* Chen

2018 年 8 月 29 日，北京延庆区，核桃楸

2018 年 8 月 29 日，北京延庆区，核桃楸

88. 阔胫莹叶甲 *Pallasiola absinthii* (Pallas)

2021 年 7 月 2 日，北京怀柔区

2021 年 7 月 2 日，北京怀柔区

2020 年 7 月 4 日，北京怀柔区

2020 年 7 月 4 日，北京怀柔区

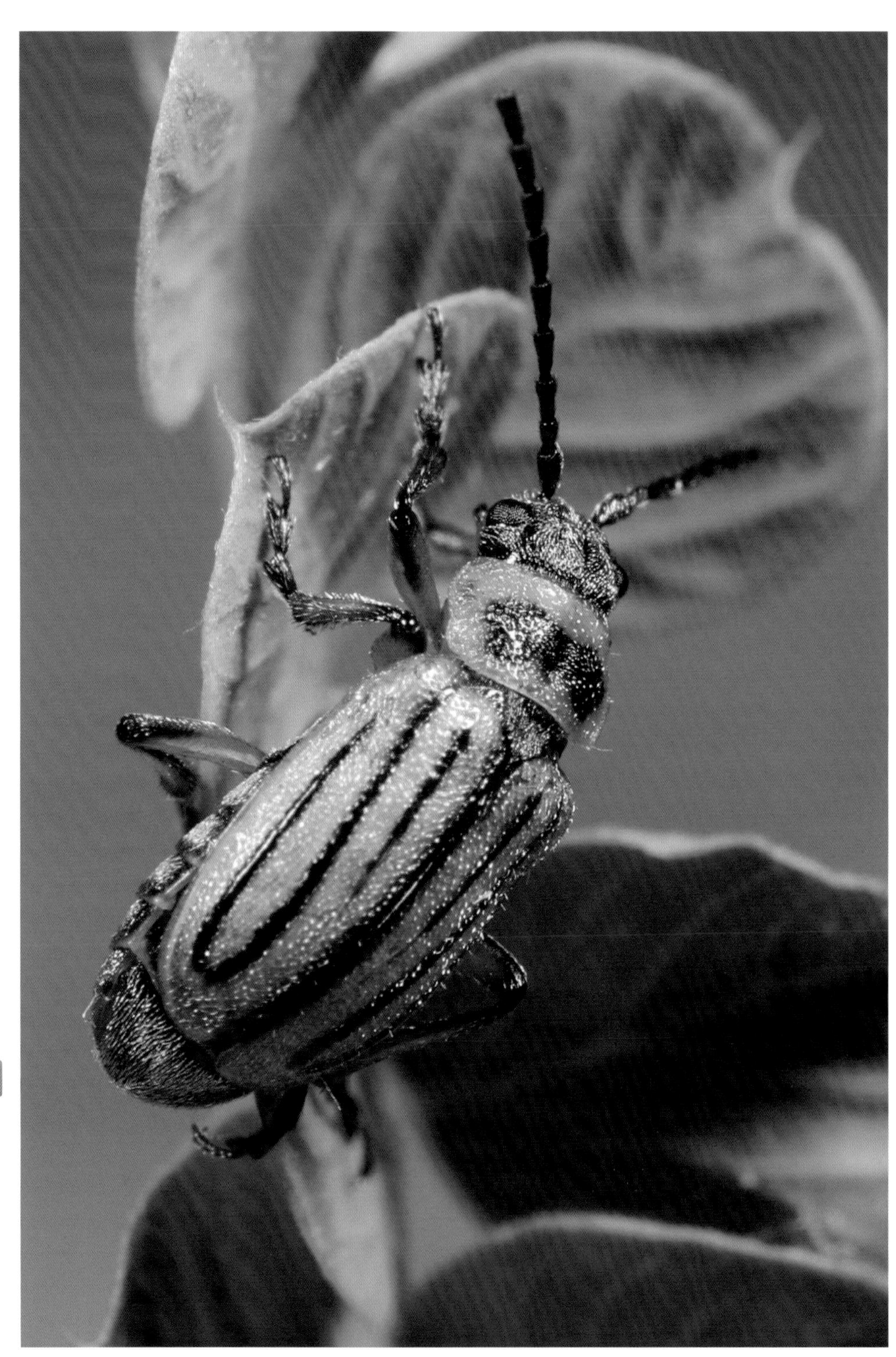

2021 年 8 月 18 日，内蒙古锡林浩特市

2021 年 8 月 18 日，内蒙古锡林浩特市

2022 年 8 月 9 日，内蒙古锡林浩特市

2021 年 8 月 18 日，内蒙古锡林浩特市

2021 年 8 月 18 日，内蒙古锡林浩特市

89. 榆绿毛萤叶甲 *Pyrrhalta aenescens* (Fairmaire)

2012 年 6 月 30 日，北京怀柔区

2012 年 5 月 16 日，北京海淀区阳台山，卵与幼虫

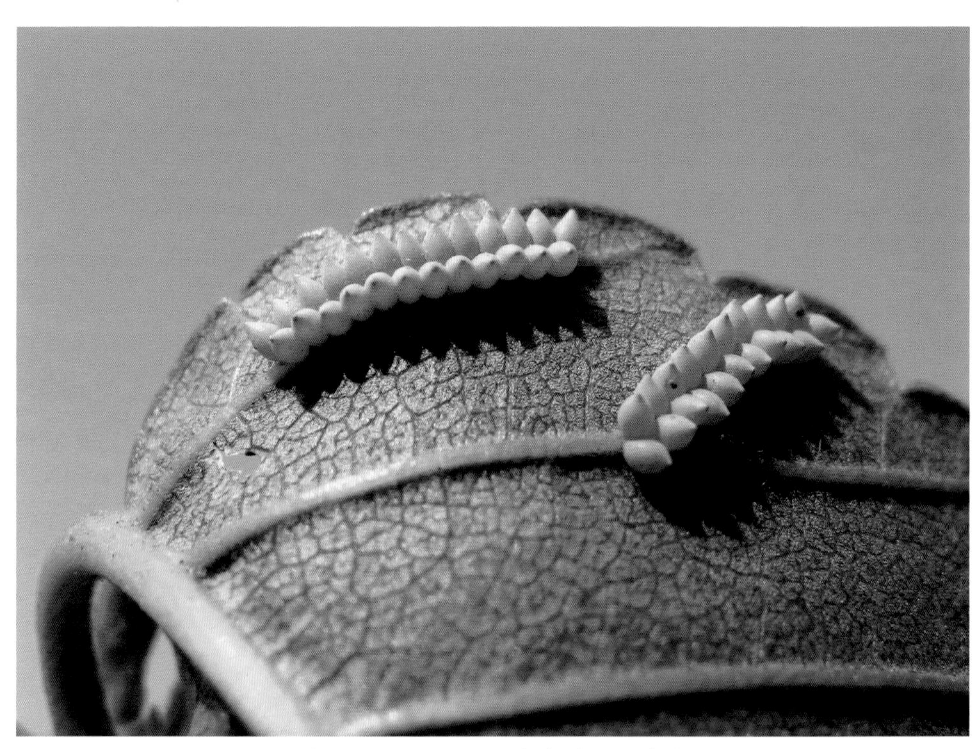

2012 年 5 月 16 日，北京海淀区阳台山，卵

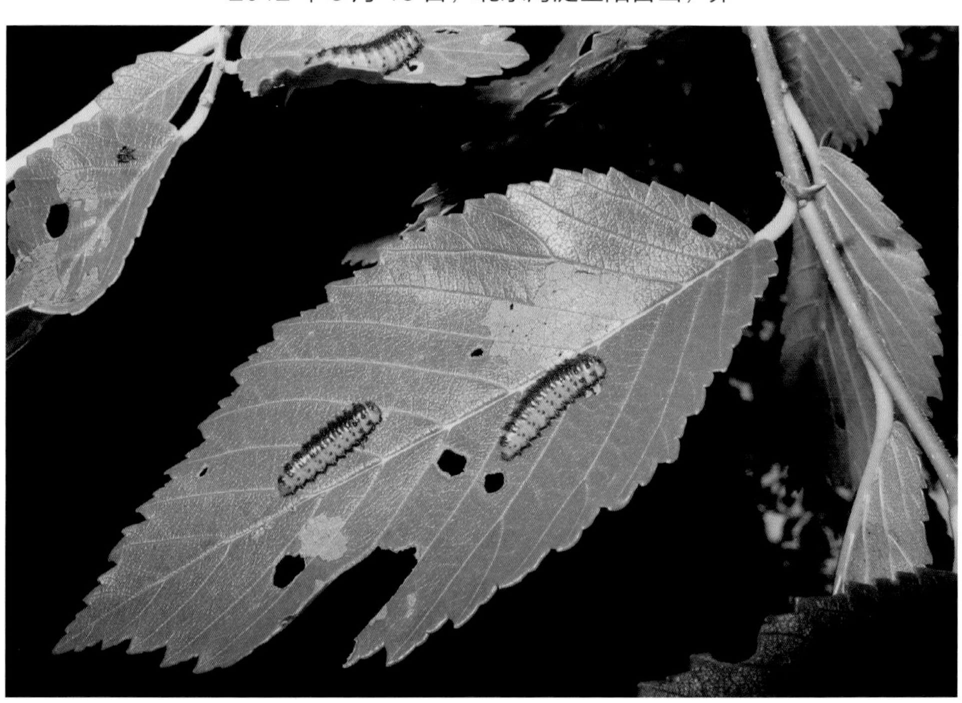

2011 年 6 月 11 日，北京海淀区香山

90. 绒毛萤叶甲 *Pyrrhalta lineola* (Fabricius)

2011 年 9 月 25 日，塔吉克斯坦杜尚别

2011 年 9 月 25 日，塔吉克斯坦杜尚别

2011 年 10 月 11 日，塔吉克斯坦杜尚别

2021 年 9 月 6 日，内蒙古科右中旗

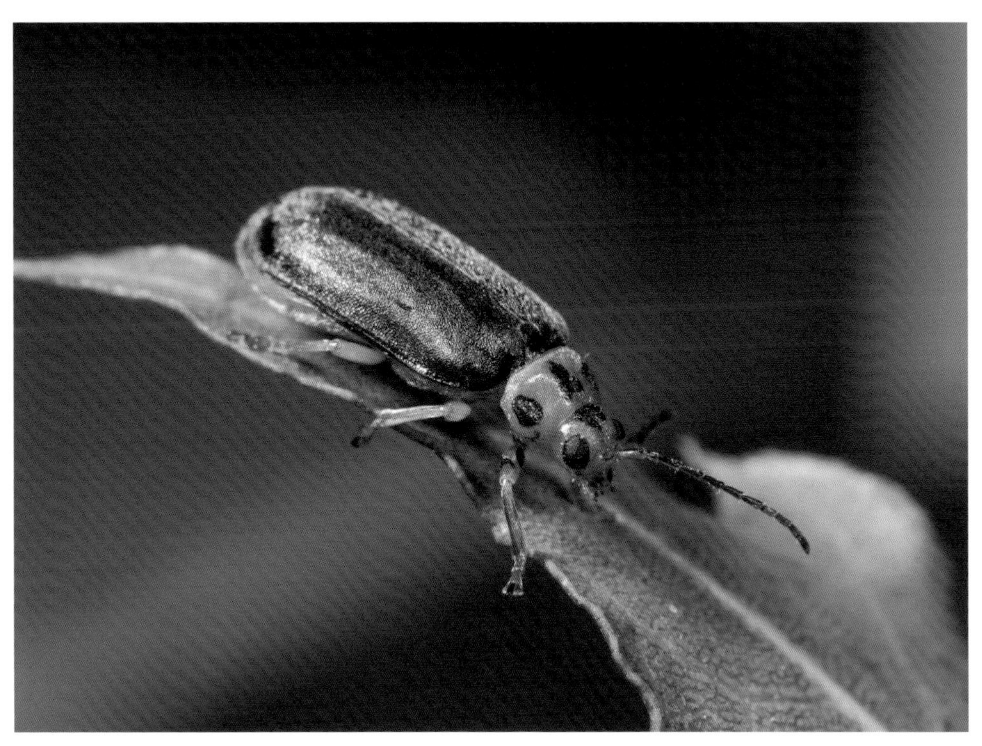

2021 年 9 月 6 日，内蒙古科右中旗

2021 年 9 月 6 日，内蒙古科右中旗

2021年9月6日，内蒙古科右中旗

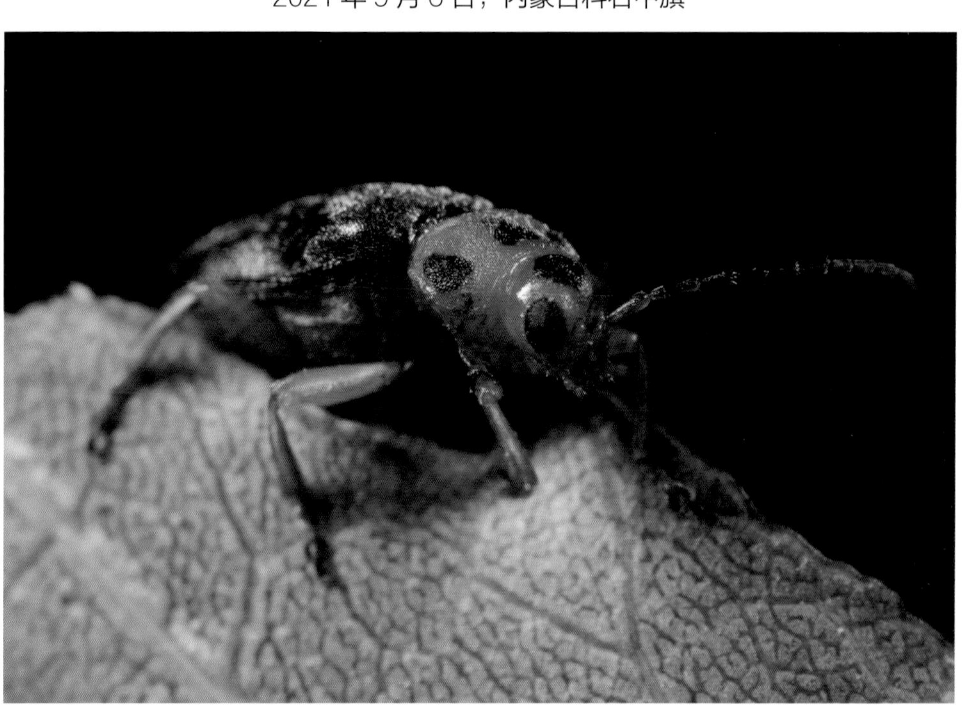

2021年9月6日，内蒙古科右中旗

2021年9月6日，内蒙古科右中旗

2021年9月6日，内蒙古科右中旗

91. 榆黄毛萤叶甲 *Pyrrhalta maculicollis* (Motschulsky)

2020 年 6 月 13 日，北京怀柔区

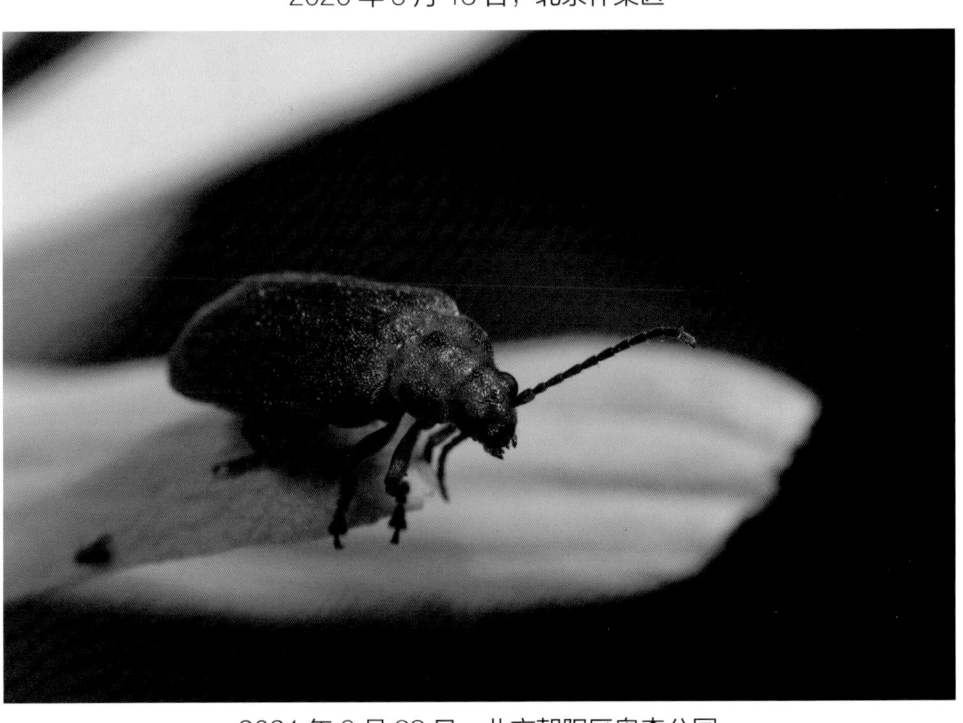

2021 年 8 月 22 日，北京朝阳区奥森公园

2013 年 9 月 20 日，天津蓟县，榆树

2013 年 9 月 20 日，天津蓟县，幼虫，榆树

2020 年 9 月 26 日，天津宝坻区，榆树

2020 年 9 月 26 日，天津宝坻区，榆树

2021 年 7 月 22 日，辽宁兴城市磨盘山，榆树

2021 年 7 月 22 日，辽宁兴城市磨盘山，榆树

2021 年 7 月 22 日，辽宁兴城市磨盘山，榆树

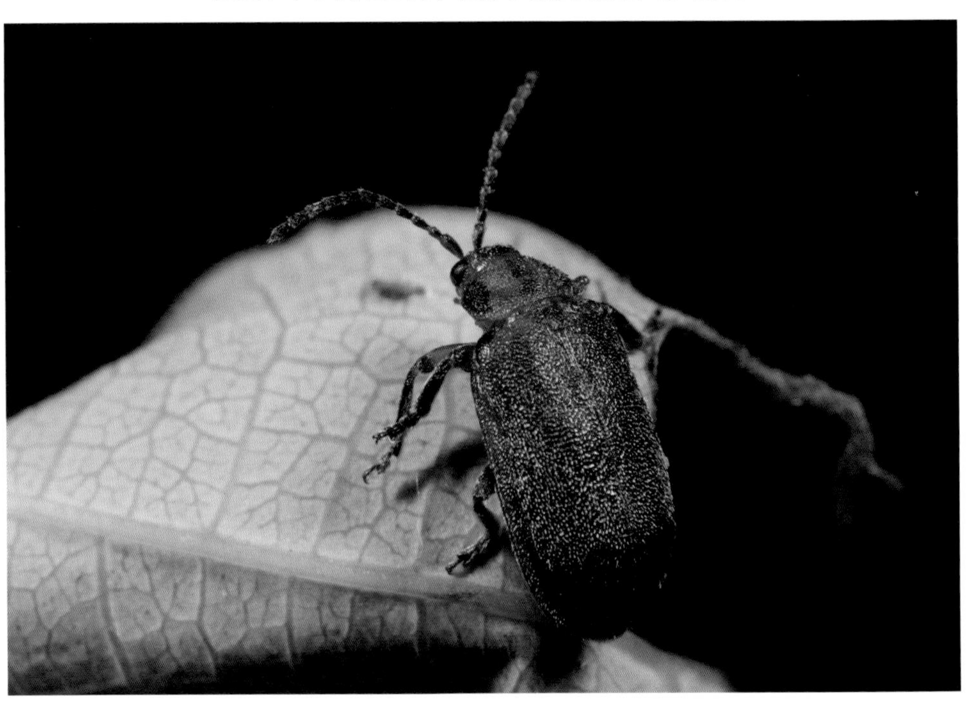

2021 年 7 月 22 日，辽宁兴城市磨盘山，榆树

92. 莲草直胸跳甲 *Agasicles hygrophila* Selmen *et* Vogt

2020 年 10 月 15 日，云南玉溪市

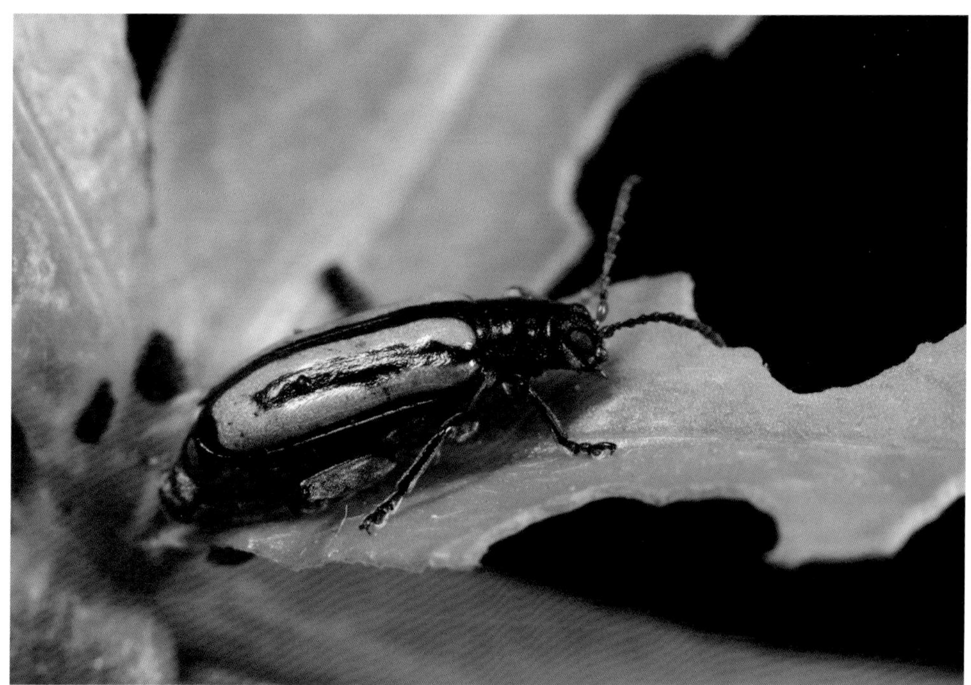

2020 年 10 月 15 日，云南玉溪市

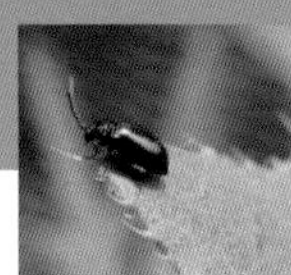

93. 跳甲 *Altica* sp.

2014 年 4 月 12 日，北京顺义区

2014 年 4 月 12 日，北京顺义区

2020 年 9 月 27 日，北京朝阳区

2003 年 5 月 1 日，北京海淀区

94. 红胸律点跳甲 *Bikasha collaris* Baly

2017 年 9 月 25 日，河南开封市，乌桕

2017 年 9 月 25 日，河南开封市，乌桕

2017 年 9 月 25 日，河南开封市，乌桕

2017 年 9 月 25 日，河南开封市，乌桕

95. 葱黄寡毛跳甲 *Luperomorpha suturalis* Chen

2021 年 5 月 22 日，天津宝坻区，大蒜

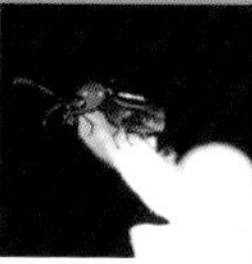

96. 黄胸寡毛跳甲 *Luperomopha xanthodear* (Fairmaire)

2020 年 8 月 21 日，浙江舟山市

2020 年 8 月 21 日，浙江舟山市

2020 年 8 月 21 日，浙江舟山市

97. 蓝色九节跳甲 *Nonarthra cyaneum* Baly

2020 年 6 月 11 日，四川金川县

2020 年 6 月 11 日，四川金川县

2020 年 6 月 11 日，四川金川县

98. 黄栌胫跳甲 *Ophrida xanthospilota* Baly

2022 年 8 月 13 日，北京怀柔区，黄栌

2022 年 8 月 13 日，北京怀柔区，黄栌

2022 年 8 月 13 日，北京怀柔区，黄栌

2022 年 8 月 13 日，北京怀柔区，黄栌

2022 年 8 月 13 日，北京怀柔区，黄栌

2022 年 8 月 13 日，北京怀柔区，黄栌

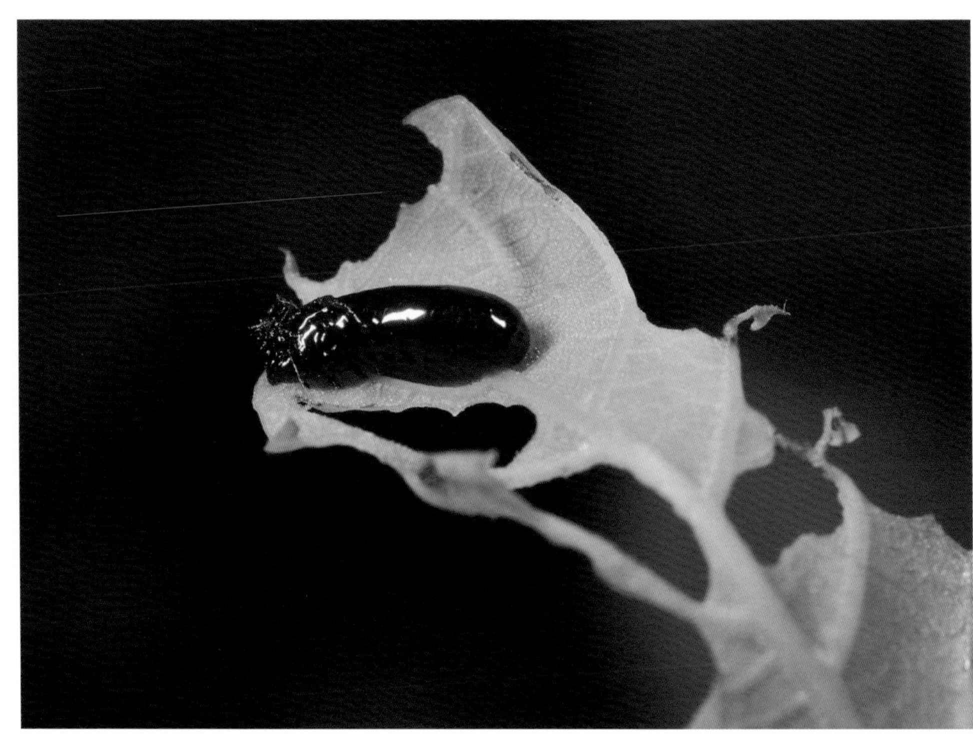

2020 年 4 月 11 日，北京朝阳区，幼虫，黄栌

2020 年 4 月 3 日，北京朝阳区，幼虫，黄栌

2020 年 4 月 3 日，北京朝阳区，幼虫，黄栌

2020 年 4 月 3 日，北京朝阳区，幼虫，黄栌

2020 年 4 月 3 日，北京朝阳区，幼虫，黄栌

2020 年 4 月 11 日，北京朝阳区，幼虫，黄栌

2020 年 4 月 11 日，北京朝阳区，幼虫，黄栌

2020 年 4 月 11 日，北京朝阳区，幼虫，黄栌

99. 棕翅粗角跳甲 *Phygasia fulvipennis* (Baly)

天牛科

叶甲科

负泥虫亚科

豆象亚科

龟甲亚科

铁甲亚科

肖叶甲亚科

叶甲亚科

萤叶甲亚科

跳甲亚科 >

水叶甲亚科

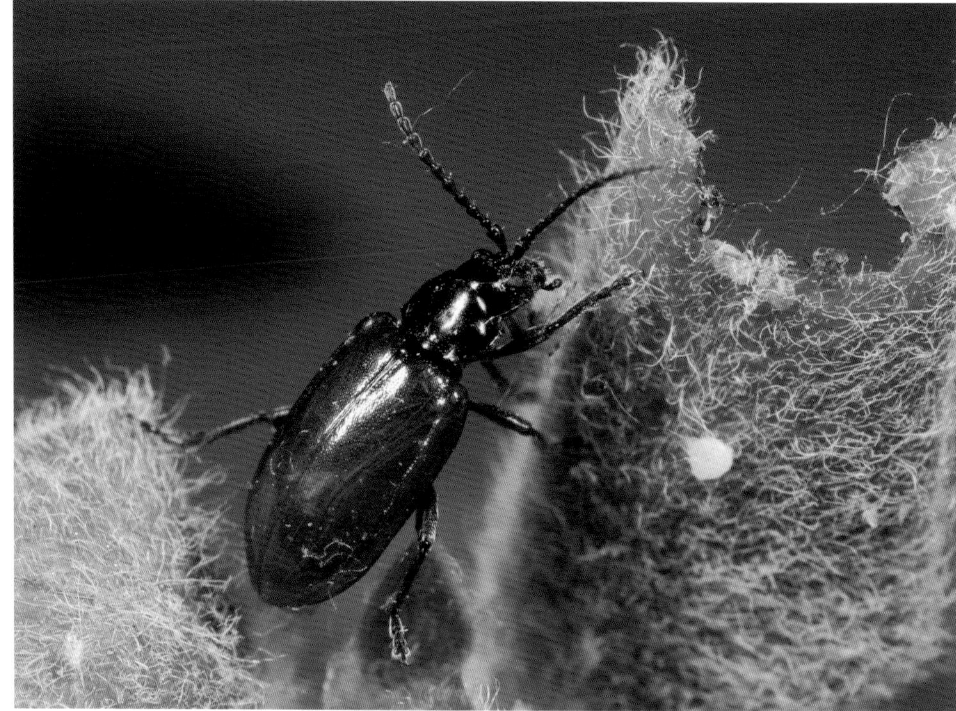

2020 年 5 月 10 日，天津宝坻区，萝藦

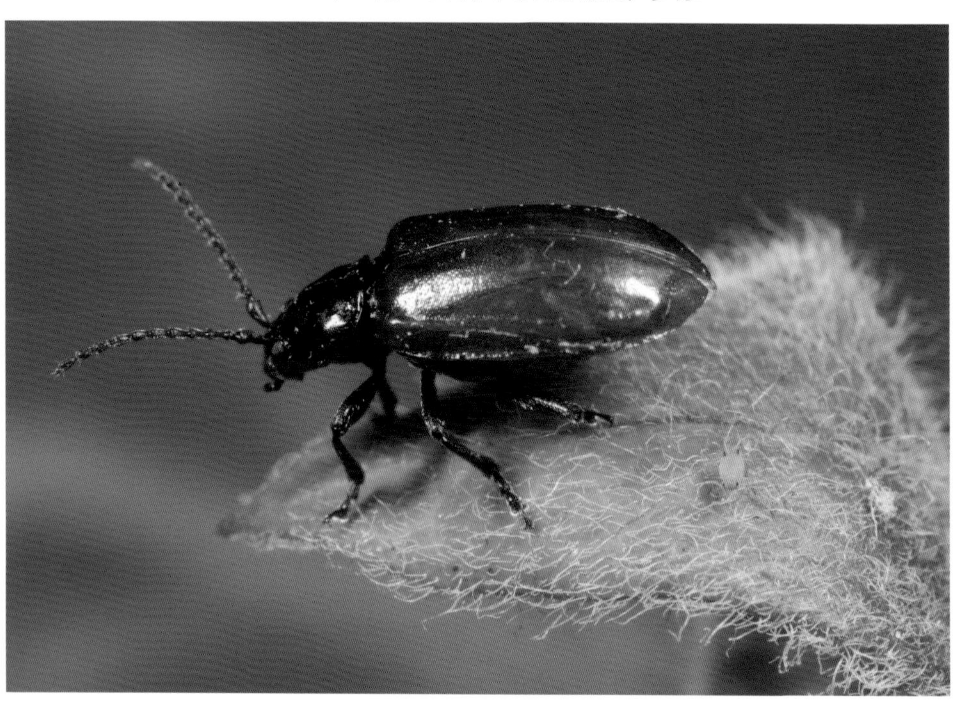

2020 年 5 月 10 日，天津宝坻区，萝藦

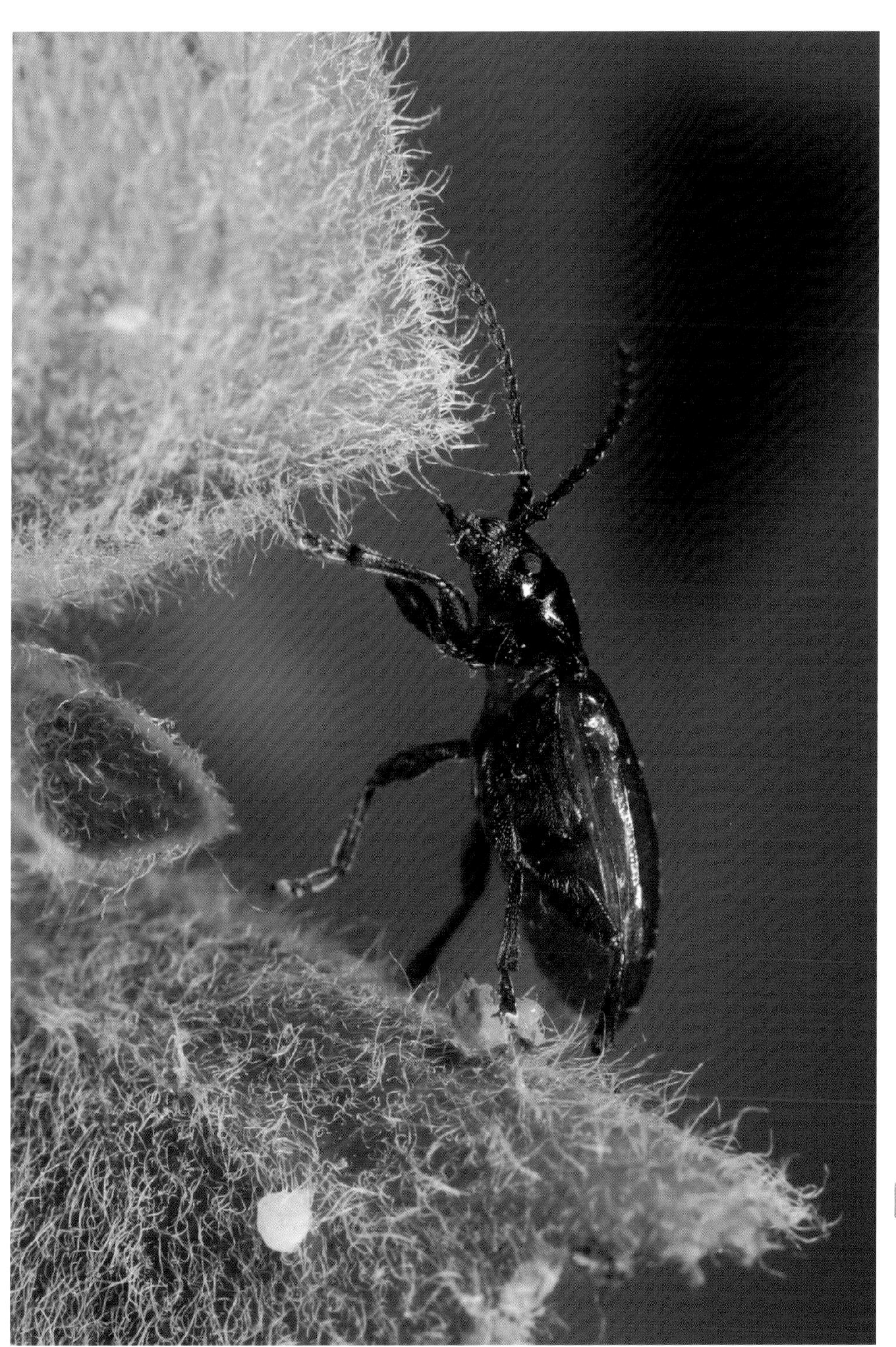

2020 年 5 月 10 日，天津宝坻区，萝藦

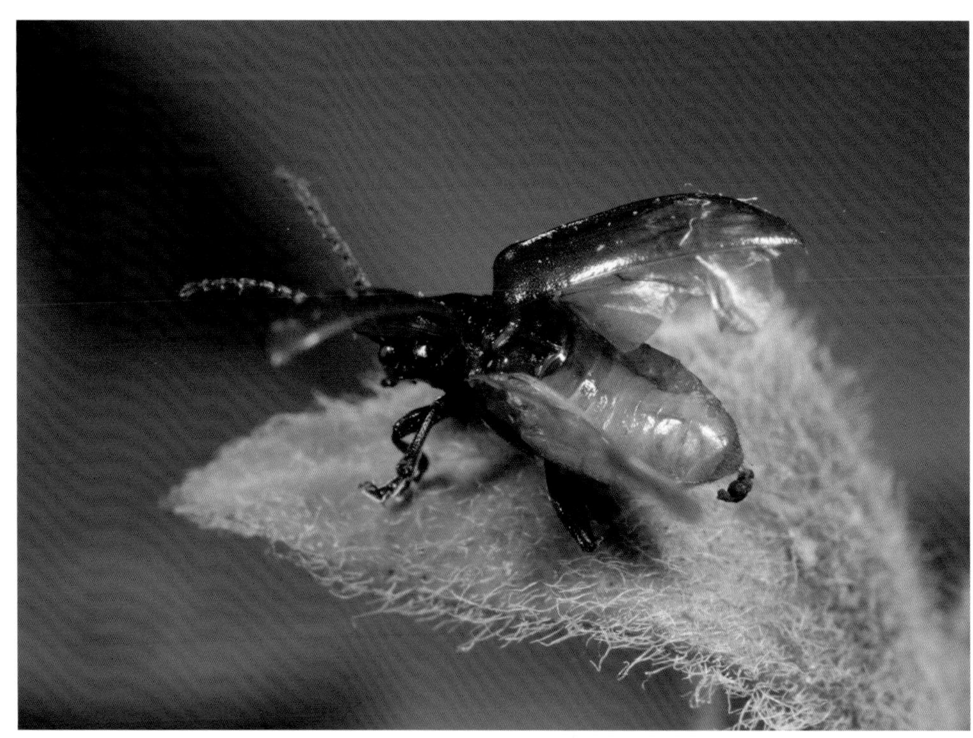

2020 年 5 月 10 日，天津宝坻区，萝藦

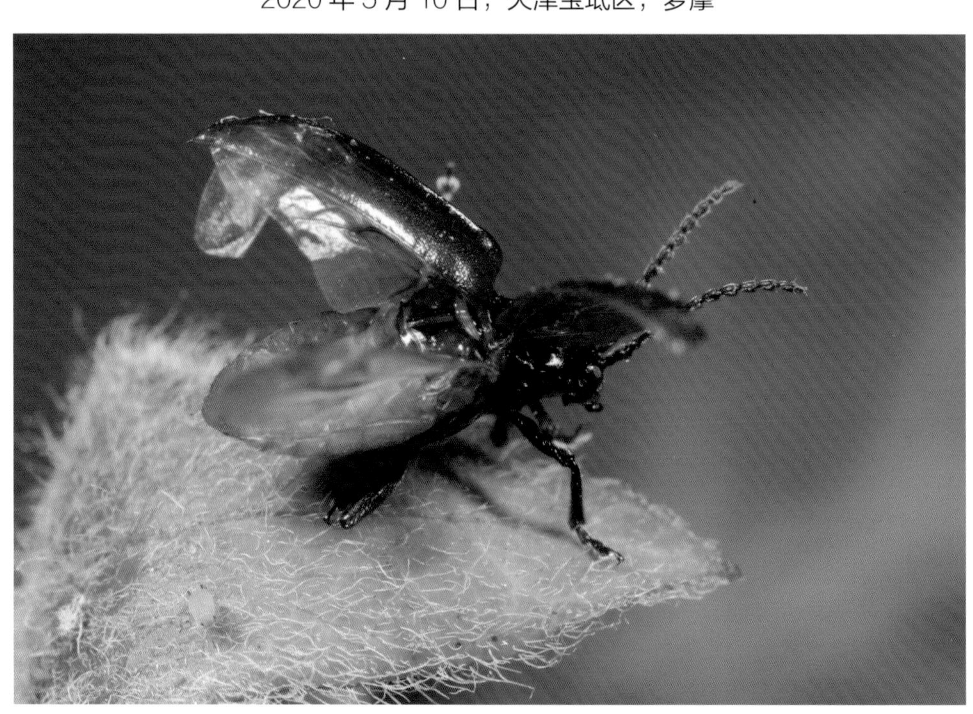

2020 年 5 月 10 日，天津宝坻区，萝藦

100. 长腿水叶甲 *Donacia provosti* Fairmaire

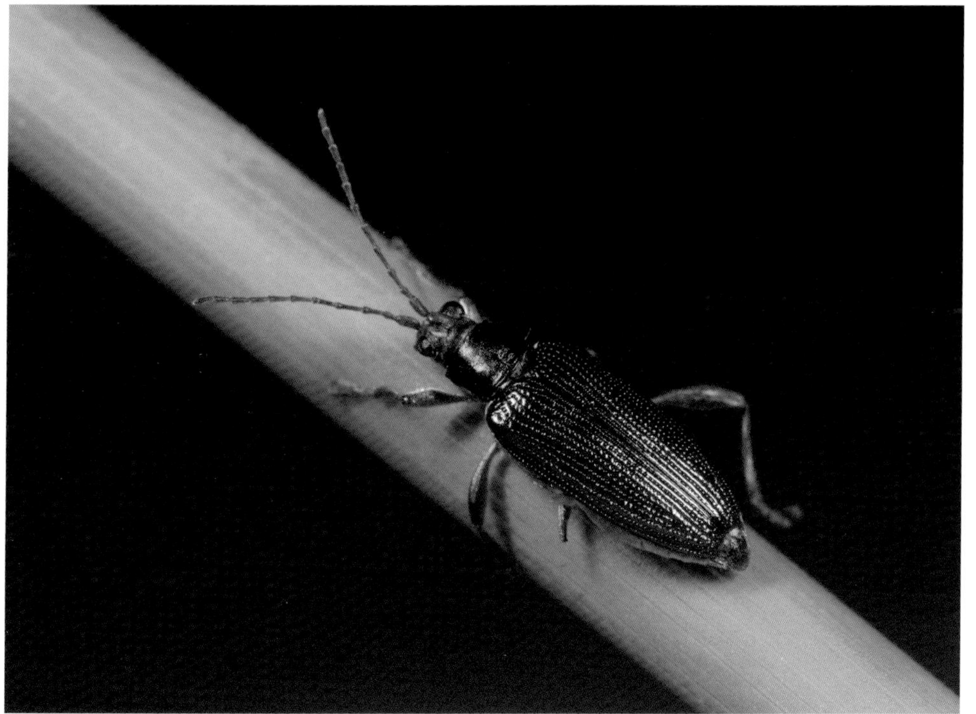

2023 年 6 月 19 日，北京朝阳区奥森公园

2023 年 6 月 19 日，北京朝阳区奥森公园

2023 年 6 月 19 日，北京朝阳区奥森公园

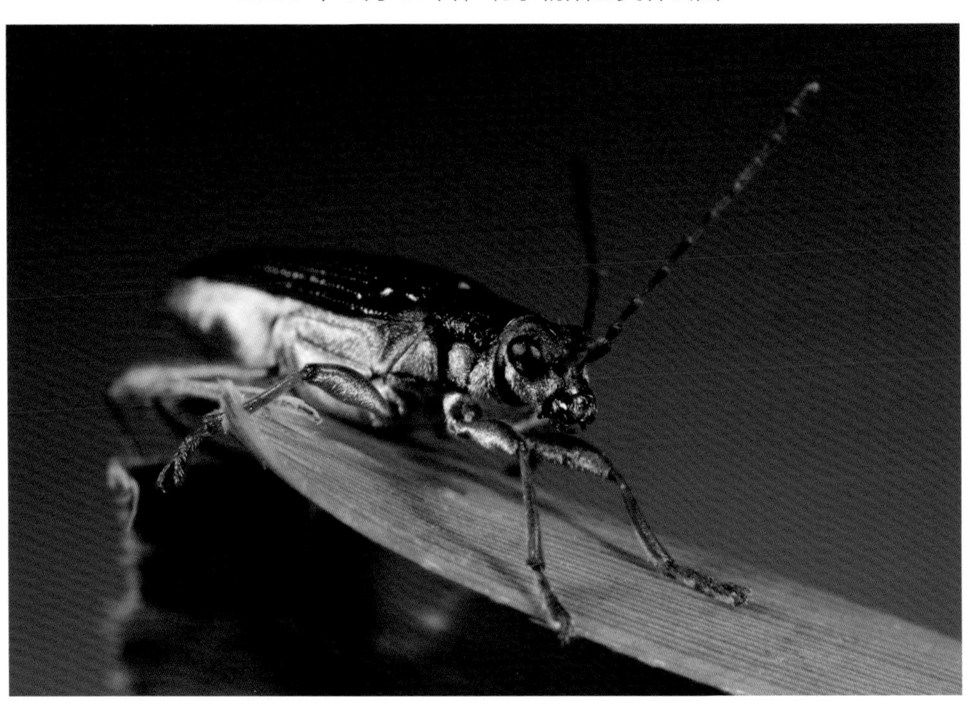

2023 年 6 月 19 日，北京朝阳区奥森公园

中文名称索引

B

C

D

E

G

H

J

K

Z

学名索引

D

E

G

H

L

M